製造業の

緒方隆司 著
Ogata Takashi

日刊工業新聞社

はじめに

本書を手に取っていただいて、ありがとうございます。

私は2つのメーカーで30年以上、開発畑を中心に歩んできましたが、オリンパス株式会社を定年退職するまでの最後の6年間、役員からの指示もあって科学的なアプローチで開発の効率を上げる活動に従事してきました。この活動を通じて、社内の多くの技術課題の相談を受けながら、「効率的な開発を行うには何が本質的か？」を考えて試行錯誤しながらたどり着いたのが機能を中心に製品やプロセスを分析することでした[(1)]。

その中で、開発企画段階では「顧客ニーズと技術を機能で紐づけ、課題を抽出していく」というアプローチ方法は開発者の考え方を整理するのに非常に役に立ちました。この考え方は筆者がメーカーを離れ、コンサルタントとしてさまざまな業種の企業にも紹介していく中でも有効と評価され、ますます自信を持って紹介できるようになってきました。特に顧客が対象製品をどのように扱うかを時系列の機能に表して分析する方法は、顧客ニーズを網羅的に捉えるのに非常に有効であることがわかってきました。多くの技術者から機能の時間分析方法はとても新鮮で役に立ったと好評でした。

こんなに手応えのある方法であるならば、やり方を整理してもっと多くの人に紹介して行きたいと思っていたところ、たまたま書店でアマゾン・ドット・コムに関する本を手にしました。そこにはアマゾンの経営者ジェフ・ペソスが創業時点から顧客第一主義、すなわちUX（User Experience）をアマゾンの中核に据えており、その結果、アマゾンが高い競争優位性を築いてきたことが書かれていました。私はそのときに初めてUXという言葉を知りましたが、Webビジネスの世界ではよく知られている言葉のようです。このUXの考え方が、筆者が進めてきた機能による時間的な行動操作分析からニーズを引き出すことに近いこともわかってきました。

アマゾンのUXは、例えばネット・ショップ画面での1クリックサービスや配達状況がすぐにわかるような仕組みにも活かされています。この考え方は顧客第一主義で顧客が数秒のタイムラグでもストレスを感じないように徹底されているそうです。そのアマゾンが今、仮想空間のショップで実現してきた快適性を実店舗（無人コンビニ「アマゾン・ゴー」）でも展開しようとしています。

UXを重視しているのはアマゾンだけではありませんでした。米国の巨大IT企業のグーグルもアップルも同じようなUX的アプローチを創業間もない時期から実践し、顧客の快適性を追求してきていることを知ったのです。

UXという言葉は、米アップルコンピュータ（現在のアップル）に在籍していた認知心理学者のドナルド・ノーマン博士が考案したと言われています。同博士は、UXと密接に関連する「ユーザー（人間）中心設計」というコンセプトも提唱したことで知られています。アップルのプロダクトやアプリが明確、かつシンプルでとても魅力的であることの秘密はデザインにあり、そのクオリティを保ち続けられる秘訣はアップルのヒューマンインタフェースガイドラインにあるとされています。

私もiPodが出てきたころからiPad、iPhoneに至るまでアップルのファンですが、画面がシンプルで使っていてストレスなく使えすっかり虜になっています。

また、グーグルの場合は会社設立から数年後に「10の事実」というものを策定し、事実であることを願い、常にその通りであるよう努めているそうです。その1番目に掲げているのが「1. ユーザーに焦点を絞れば、他のものはみな後からついてくる。」です。グーグルは、当初からユーザーの利便性を第一に考えており、新しいウェブブラウザを開発するときも、トップページの外観に手を加えるときも、グーグル内部の目標や収益ではなく、ユーザーを最も重視してきたそうです。

こういったUX創始者達とも言える企業が米国、世界のIT業界を牽引してきました。みなさんもご存知のように、これらの企業はITの世界にとどまらず、自動車のようにハードウェアの塊のような製品分野にも進出してきています。

このように時代はIT技術の進歩とともに、自動車業界を始め、あらゆる産業分野で大きな変革「モノ」から「コト」への変革が進みつつあります。

デジタル機器のソフトウェアでUXが使われるようになったのは、機械や人手のかかっていたハードのモノづくりと比べて、コストの制約でできなかったことが、デジタル機器ではソフトを工夫して短時間で理想的な機能を実現できるようになったからと言われています。つまり、人の感性に訴えるような複雑なことも低コストで実現できるようになったわけです。

このことは、スマートフォンがかつての電話機、カメラ、ビデオ、音楽プレーヤー、パソコンの機能を備えて画面上で操作するだけで、ユーザーがやりたいことを数秒でサクサクと実現できるようになり、普通に人と人が話をするのと近い快適さで機器を操作して実現できるようになったことを考えると理解できると思います。このような変化の中で、ソフトウェア開発者やWebデザイナーは自然にUXデザインを意識するようになってきたのだと思います。先に述べたIT巨大企業のハードウェア製品、現場サービスへの進出に対して先が見えずに、ただ脅えている方たちは多いですが、彼らの本当の強みとは何か、をよく見た方が良いと思います。少なくともUXの考え方は浸透していると思います。

以上のように私はUXのことを知れば知るほど、UXの概念はモノからコトへの変革期に技術者が身に着けるべき重要な考え方だと思うようになりました。しかし、残念ながら、私が訪問する多くのハードウェア製造業のエンジニア達にUXという言葉を聞いたことがあるか、とをたずねても、ほとんどのエンジニアは知りませんでした。UXとは製品やサービスを使うユーザー体験のことを示しますが、開発者にとって別世界のことではないのです。また、特別に難しいことでもありません。

私が最近、企業の開発者から潜在ニーズも含めてユーザーに要求をもっと把握するのにはどうしたら良いか、といった相談案件では、UXの考え方も入れて時間的な機能分析をベースとしたニーズ分析を使って応えています。

今回、さまざまな企業で実践してきたUXの考え方を入れた機能ベースのアプローチ方法を整理して、日刊工業新聞社の協力も経て、メーカーのエンジニアにも実践しやすい形で本書に書き留めてみることにしました。

本書が少しでも読者諸氏の日々の仕事の参考になれば幸いです。

2018年9月

緒方　隆司

---

(1) 緒方隆司著、オリンパスECM推進部監修「製品開発は機能にばらして考えろ」日刊工業新聞社、2017

目　次

はじめに……………………………………………………………………………… i

第1章
製品開発は顧客の声を聞くべからず？

1.1 顧客の声から作った製品は売れない!?………………………………… 1
1.2 顧客の行動と製品の架け橋となる「機能」とは ……………………… 4
1.3 ニーズをシーズ（技術）に翻訳しよう ………………………………… 14
1.4 モノではなく、コトでとらえよう …………………………………… 18
1.5 なぜハードウェアの開発にUXなのか ……………………………… 25

第2章
UXで本当の顧客ニーズを抽出しよう

2.1 UXによるニーズ分析から商品コンセプト案までの流れ …………… 33
2.2 ニーズ分析で取り組み範囲を決めよう ……………………………… 34
2.3 ターゲットユーザーの人物像を設定しよう ………………………… 38
2.4 顧客の行動と操作を分析しよう ……………………………………… 45
2.5 顧客価値からニーズを想定しよう …………………………………… 50

第3章
顧客ニーズから開発目標を絞り込もう

3.1 ニーズの優先度を付けよう …………………………………………… 57
3.2 優先ニーズの最終検証をしよう ……………………………………… 63
3.3 操作ニーズを製品ニーズに置き換えよう …………………………… 67

第4章
目標が決まったら、解決策を発想しよう

4.1 目標実現のための課題に取り組もう ………… 75
4.2 ニーズからの課題を深掘りしてみよう ………… 87
4.3 TRIZを使ってアイデアを出してみよう ………… 97
4.4 アイデアが出たらコンセプト案にまとめてみよう ………… 100

第5章
さらに顧客に感動を与えよう！

5.1 機能の程度を感動キーワードにしてみよう ………… 105
5.2 未来のニーズを予測して感動を与えよう ………… 108

第6章
テーマ探索、特許戦略、リスク分析にUXを応用する

6.1 自社技術とニーズの接点を探ろう ………… 119
6.2 行動分析によって、より広範囲の特許を出そう ………… 126
6.3 ペルソナを設定してリスクを想定しよう ………… 130
6.4 安かろう悪かろうのコストダウンから脱却しよう ………… 140

第7章
UXを活用した問題解決のイメージを固めよう〈企業活用事例〉

7.1 家電メーカーA社の取り組み例 ………… 149
7.2 水まわり部品メーカーB社の取り組み例 ………… 150
7.3 自動車部品メーカーC社の取り組み例 ………… 152
7.4 素材メーカーD社の取り組み例 ………… 153
7.5 機械メーカーE社の取り組み例 ………… 154

索 引 ………… 156

第1章

製品開発は顧客の声を聞くべからず？

「顧客の声にもっと耳を傾けて仕事をしろ！」という言葉は、開発者ならば誰しもが上司や先輩から言われてきた言葉です。筆者もエンジニアの頃はそうでした。どこの企業もVOC（Voice of Customer）を製品やサービスにフィードバックすることは当たり前のようにやってきていると思います。しかし、最近はそれだけでは顧客に感動を与える製品はできなくなってきています。

アップル社のiPodやiPhoneは瞬く間に世の中に広がり、その過程で既存の商品を淘汰してきました。これらの商品は顧客の声の細かな分析から出てきたものでしょうか？ 「この製品でこういった体験を経験してもらいたい」という作り手側の強い意志が、顧客の潜在ニーズを呼び覚ました結果とも受け取れます。つまり、顧客が体験して得たい価値を客観的に分析する方がずっと顧客のニーズの本質に迫ることができるわけです。

1.1 顧客の声から作った製品は売れない!?

現在多くの製造業では、製品やサービスの評価に顧客に対するクレームカードやアンケート調査を実施しています。こうして寄せられる声の中から新しい製品やサービスのヒントを掴もうというのがその狙いです。しかし、**クレームカードやアンケート調査の結果の中に顧客の本当のニーズはあるのでしょうか？**

例えばたいていのビジネスホテルには、部屋に宿泊客へのアンケート用紙が置かれています。確かに「仕事をするには机が狭い」「椅子に背もたれがなく疲れる」といったホテルの設備やサービスに対する不満はいろいろありますが、筆者は多少不満なことがあっても、景品など何か見返りがない限り、わざわざ時間を割いてアンケートに応えようとは思いません。

では、結果として本当のニーズを拾えないアンケートだったら何のための顧客満足調査なのでしょうか。このような調査が行われているのはISO9001で顧客重視が謳われているからかもしれません。しかし、不満を持った顧客が店舗やスタッフに不満を伝える人はたった4%、残りの96%は不満を持っていても伝えない筆者のような「サイレント・クレーマー」とも言われています。また、顧客の声を拾えたとしてもそれは個別の顧客の印象に過ぎないものかも知れず、客観的な事実とは言えません。そのような声を多く集めても多くの顧客が感動して飛びつくような商品やサービスの開発に結びつくとは到底思えません。

アップル社の創設者スティーブ・ジョブズは、こうしたリサーチをあまり信用せず、消費者が気づきもしなかった何かを実現するのが革命的なモノづくりだと信じていたと言われています。ジョブズは「T型フォードが登場するまでは、自動車が欲しいか消費者に尋ねても『いや、もっと速い馬が欲しい』としか言わなかったろう」というヘンリー・フォードの言葉をよく引用していたそうです。

このことは、**ニーズとは、顧客の中に潜在的には存在しているものであり、顧客の側からは具体的に顕在化することはないことを意味しています。なぜなら、顧客自身がそうしたニーズの存在に気がついていないからです。**

それでは、こうしたVOCや市場調査に頼らずに、顧客の潜在ニーズをつかむには、どうすればよいのでしょうか。その手がかりは、顧客の行動にあります。梅澤伸嘉博士は著書『消費者心理のわかる本』[(1)] の中でニーズとは行動を駆り立てる力であって、ニーズは行動と満足の情報から読み取ると記述しています。つまり、**顧客の行動を分析すれば、そこから潜在ニーズも探ることができるわけです（図表1-1）**。

この考え方は本書のタイトルとしても使われているUX（User Experience）の考え方に通じるものです。UXとはユーザー体験と訳され、『UXデザインの教科書』の著者である安藤昌也教授は、**UXによるデザインを「ユーザーが嬉しいと感じる体験となるように製品やサービスを企画の段階から理想のユーザー体験（UX）を目標にデザインしていく取り組み」**[(2)] としています。顧客の行動分析というとエスノグラフィーに代表される「行動観察」という手法があり、これは

図表1-1　顕在ニーズと潜在ニーズ

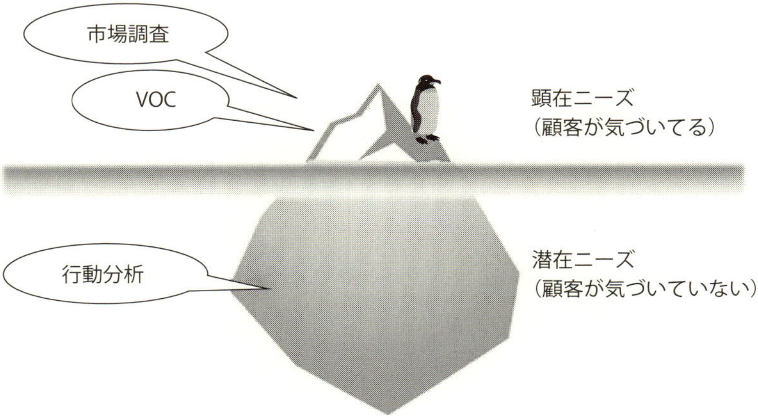

市場調査
VOC
顕在ニーズ
（顧客が気づいてる）
行動分析
潜在ニーズ
（顧客が気づいていない）

UXの中心的な手法とされています。

しかし、行動観察というと、観察自体に手間暇がかかるうえにデータ分析に専門知識や深い洞察力が必要そうで難しいと考えている方も多いのではないでしょうか。本書では開発や設計に携わるエンジニアが顧客の行動を分析しやすいように顧客の行動を「機能」で表現して顧客行動を想定する分析を行います。

行動観察とは顧客のある行動を時間をもって眺めてみることです。例えば「温度調節機能の方法」をあれこれ考えるのではなく、温度の調節が必要になる理由をその手段と合わせてシナリオとして把握することです。

本書ではこれを「時間的機能分析」と呼んでいます。「機能」は言い換えると行動の目的を考えることに相当します。「人間のあらゆる行動には“目的”がある」とするアドラーの心理学の目的論に通じるような分析とも言えます。 その目的を推測しながら観察、分析することで顧客の気持ち、欲するものニーズが見えてきます。

本書では時間的機能分析で顧客の行動や操作を目的を意識しながら分析し、ニーズを抽出しその行動や操作のニーズを製品構成へのニーズに変換し、空間的機能への要求レベルを把握します。

ポイント

- 商品のニーズは、多くの消費者のなかに潜在的には存在していてもそのニーズは消費者の側からは具体的に顕在化することはない。なぜなら、消費者自身がそうしたニーズの存在に気がついていないからである。
- 顧客の行動を分析すれば、そこから潜在ニーズも探ることができる。
- UX（User Experience）とはユーザー体験と訳され、UXデザインとはユーザーがうれしいと感じる体験となるように製品やサービスを企画の段階から理想のユーザー体験（UX）を目標にデザインしていく取り組みである。顧客行動を「機能」で表現して顧客行動を想定する分析を「時間的機能分析」と言う。機能は言い換えると行動の目的を考えることに相当する。

1.2 顧客の行動と製品の架け橋となる「機能」とは

顧客の行動を分析して、顧客が製品やサービスに触れて出てきた要求は最終的に開発する製品やサービスで実現することになります。その懸け橋となるのが機能であり、機能を把握することは開発者にとって多くのメリットを生み出します。

（1）機能とは何か？

そもそも、「機能」とは何でしょうか？　自動車の機能を挙げてくださいと言われて正確に答えられる人は意外と少ないです。走行性能、加速性能、制動性能等を「機能」として挙げたとしたら、それは間違いです。「〇〇性能」というのは品質特性といい、機能の程度を示す言葉ですが、機能ではありません。

機能とはシステムの働きを記述したもので、車だったら「人を移動させる」、そのために車輪を「回す」「方向を変える」「止める」といったものです。

英語の文法で習ったS（主語）＋V（動詞）＋O（目的語）の形で表すとスッキリ理解できます。つまり、S（車）が、O（人）をV（移動させる）、つまりS＋V＋Oの形で表現されます（**図表1-2**）。

図表1-2　機能の定義

自動車の「機能」とは何か？
走行性能、加速性能、制動性能等？
　→間違い

「○○性能」というのは「機能」の程度

「機能」とはシステムの働きを記述したもの
自動車なら、人を移動させる、そのために車輪を回す、方向を変える、止める、といったもの。

機能要素Sが対象物Oに対してVの働きをする

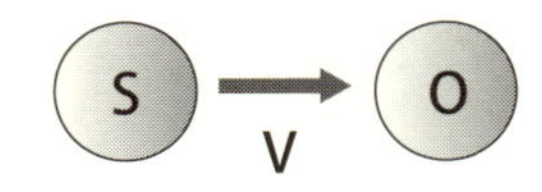

（2）機能を把握するメリットとは

筆者が「機能」にこだわる理由は、開発者が機能を把握することで、**図表1-3**に示すような3つの利益を得られると考えるからです。

①複雑な問題もシンプルに捉えることができる

開発者や設計者が直面するさまざまな問題事象は、一見どこから手をつけたらよいかわからなくなるほど複雑なものが多くあります。そのときに機能の視点で見ると、複雑に見えている問題も枝葉が取り除かれ、どの機能に問題があるのか見えてきます。

②行動の目的を考えれば顧客の期待を理解できる

行動の目的を考えることは､、その先にある顧客視点で製品にどのような機能を付与すべきかを把握することになります。

③多面的に網羅的に漏れのない検討ができる

問題の全体像を体系的に網羅的に捉えることができることです。こうした全体像は、製品の部品構成表や、製造プロセスの工程表といった図面をベースにその機能の連なりをツリー状に展開することで得られます。さらに、機能には空間的な視点と、時間的な視点を入れることもできます。例えば、「湯沸かしポット」では、湯沸かしポットの部品構成表から、加熱部保温部、貯水部位…、と構成さ

図表1-3　機能で考えるメリット

① 問題をシンプルにできる

機能の視点で見る

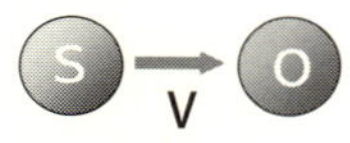

機能要素Sが対象物Oに
対してVの働きをする

② システムの存在目的、顧客の期待を理解できる

システムの役割、対象が明確になると、システムを
使う顧客の期待も明確にできる

③ 多面的、網羅的に検討できる

空間と時間の機能的視点から
の漏れのない検討が可能

れる部品や、材料に至るまでの機能展開をすることができます。これは「空間的機能分析」の例です。

（3）機能の表し方

製品の機能は、複数の「部品」「ユニット」を“働き”で繋いだ連関図や、システムを上位からツリー構造で表した機能系統図で表す方法があります。筆者は、後者の機能系統図の利用をお奨めしています。部品構成表やプロセス表といった図面からの作成が容易なうえ、メインシステム→ユニット→部品と、技術者の思考に合わせて分析ができる点でたいへん優れています。**図表1-4**に湯沸かしポットを事例として、その一部を機能系統図で表した例を示します。

湯沸かしポット自体の機能は「水を沸かす」です。それを大目的として、フタの「本体を密封する」と、本体の「お湯を保温する」という手段が繋がります。また、図表1-4には記載されていませんが、「ステンレス槽を加熱する」手段としてヒーター部もあります。このように**機能系統図は、目的と手段の連鎖構造をしています。**

図表1-4　湯沸かしポットの機能系統図

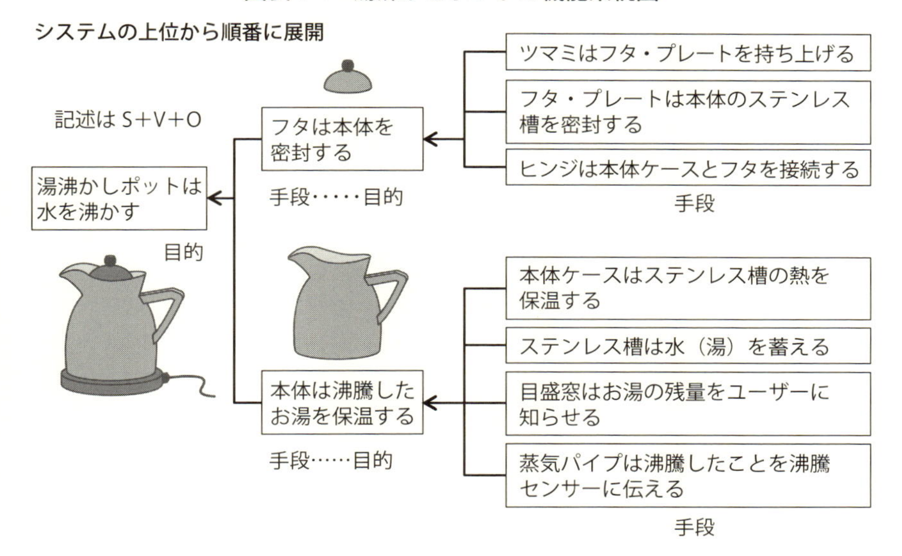

（4）空間的機能分析と時間的機能分析

先述したように、機能には空間的な視点での「空間的機能分析」と、時間的な視点での「時間的機能分析」があります。空間と時間は分析対象のシステムや問題解決の目的により使い分けします。例えば、湯沸かしポットを例にした場合の両者のイメージは**図表1-5**のようになります。

上側の空間的機能分析では、製品・システムの空間的な構成（部品構成表）を元に機能を展開していきます。例えば顧客要求を確認する場合は、機能ごとに要求される「性能」レベルの確認になります。一方、下側の時間的機能分析では顧客が湯沸かしポットに水を入れてから沸騰させてコーヒーを入れるプロセスを機能にばらして、その機能ごとの「操作」レベルの確認になります。

このように、**部品構成表を元に空間的機能分析を行い、ツリー構造で表したものを「空間的機能系統図」、工程表を元に時間的機能分析を行い、ツリー構造で表したものを「時間的機能系統図」と言います。**本書がテーマとしている顧客の潜在ニーズを把握するために使うのは、主として顧客の行動分析を伴う「時間的機能系統図」です。

図表1-5　空間的機能分析と時間的機能分析のイメージ

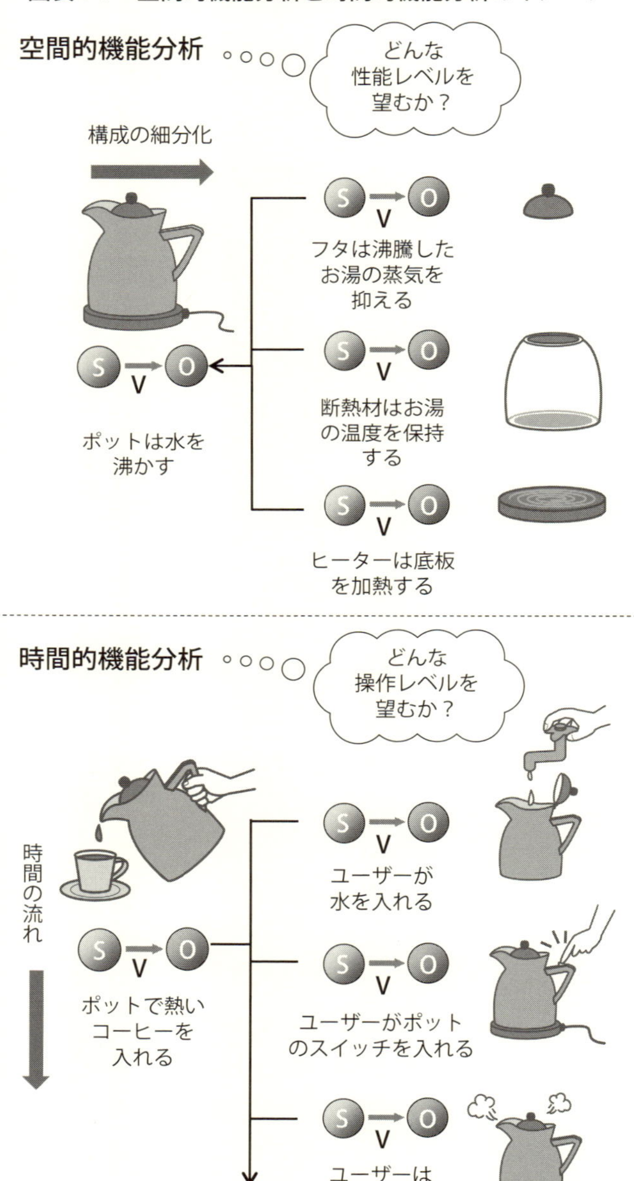

Column　S＋V＋Oで考えてみよう

図表1-6で示す複雑な事象の下記事例を機能で考えてみましょう。

「A社の高性能掃除機はキッチンの隙間のガラス片を目に見える大きさの欠片を一つも残さずに吸引した」

このように非常に複雑に見える事象も機能「S＋V＋O」で考えてみると余分な修飾語は除かれて、ベースとなる働きが見えてきます。

まずはコアになる主語Sを見つけます。この場合、「掃除機」が主語です。「掃除機」の働きVは「吸引した」となります。次にそのVの対象物Oを見つけます。何を吸引したかというと「ガラス片」です。「目に見える大きさの欠片を一つも残さずに」というのは働きVの程度を表します。

この例のように複雑な事象も、機能で考えるとコアになる文章は「掃除機はガラス片を吸引した」という単純なS＋V＋Oで表現されます。読者諸氏が普段、現場で出くわす問題の事象も複雑かもしれませんが、機能で表現することでシンプルに捉えることができるようになるでしょう。

図表1-6　高性能掃除機の機能

図表1-7に示すように空間的機能系統図と時間的機能系統図は、両者ともS＋V＋Oの階層構造となるのは変わりませんが、時間的機能系統図では上から下に時間の流れがあるのが特徴です。

すなわち、時間的機能系統図では、縦に並んだ階層は同じレベルの階層ですが、上から下へ時間の流れがあり、上に書かれているメイン工程から下に作業が流れていきます。時間的機能系統図は工程表から機能系統図を作ります。空間の部品構成表と同様に工程表も階層構造で書くことができます。

空間、時間の両機能分析を用いることで、**最初に顧客の行動分析を時間的機能系統図で表して、その分析結果で出てきた想定ニーズから自分たちが開発する空間的機能系統図に照らして製品のどの部分をどのように改善するかの分析が論理的に効率的に行うことができるようになります。**

例えば**図表1-8**に示すように、最初に湯沸かしポットでコーヒーを入れる際の顧客の操作を時間的機能分析してみます。分析の結果、湯沸かしポットで水を入れるときに水を入れにくいので、もっとフタが多く開くようにして欲しいとの顧客ニーズが出てきたとします。それを受けて、次に空間的機能系統図に展開する

図表1-7　空間的機能系統図と時間的機能系統図

空間的機能系統図

メインシステム　サブシステム　部品

時間的機能系統図

メイン工程　サブ工程　詳細工程

時間の流れ

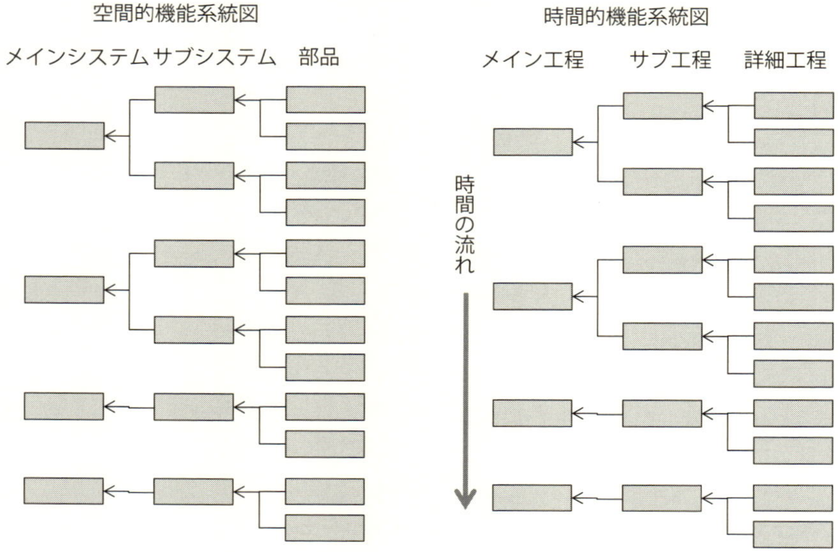

図表1-8　湯沸かしポットでコーヒーを入れる顧客のニーズ分析

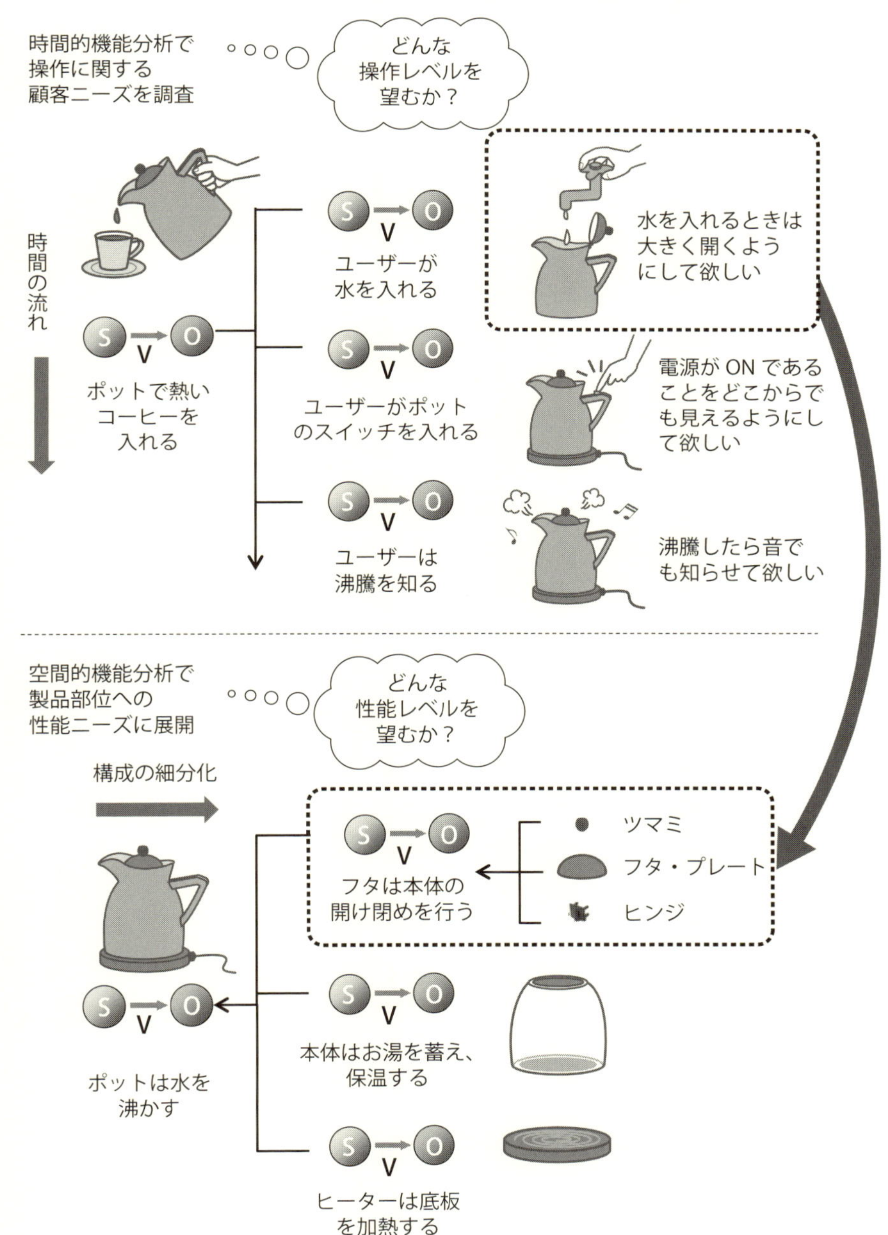

と、顧客ニーズは湯沸かしポット本体の上部構造や、フタやヒンジの形状への要求に変換されます。最終的に湯沸かしポットという製品を開発するわけですから、製品の各部位の機能を知っておくと、操作に関するニーズをすぐに的確に各部位へのニーズに変換できるわけです。

ポイント

- 機能とはシステムの働きを記述したもので、S（主体）がO（対象物）に働きかける（V）のS＋V＋Oの形で表現される。
- 機能を把握するメリットは、①複雑な問題もシンプルに捉えることができる、②システムの目的、顧客の期待を把握できる、③多面的に網羅的に漏れのない検討ができる、ことの3点である。
- 機能系統図は、部品構成表や工程表といった図面からの作成が容易なうえ、上位システムから技術者の思考に合わせて分析ができ、「目的」と「手段」の連鎖構造をしている。
- 機能には空間的機能分析と時間的機能分析があり、時間的機能系統図は上から下に時間の流れがあるのが特徴である。顧客の行動分析を時間的機能系統図で表し、出てきた想定ニーズから空間的機能系統図に照らして製品への要求分析が論理的に効率的に行うことができる。

Column ソフトウェアでの機能の表し方

ハードウェアと違い姿形が見えないソフトウェアでは、エネルギーで「機能」を考えにくいので、**図表1-9**に示すように「働き（V)」を「データを処理する」と考えると良いでしょう。そうすると、「主語（S)」に相当するものは、データを入力する人やシステム、「対象（O)」はデータを出力される相手の人やシステムとなります。

ソフトウェアの機能でやり取りされるものは「データ」ということになりますので、働きにあたるデータの処理は、「情報の伝送」「蓄積」「変換」「拡散」などと考えると良いでしょう。その際、機能の程度はデータ処理の状態を表す表現となります。例えば、データの「速度（転送速度)」「精度」「乱れ（ランダム性」「伝送方式」などに関する状態表現となります。

図表1-9 ソフトウェアにおける機能とは何か

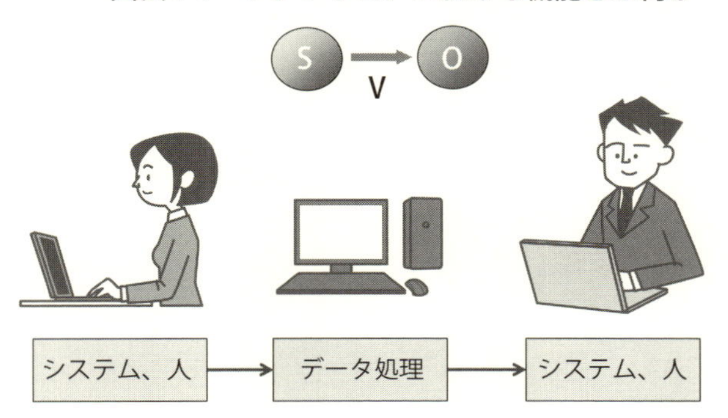

S、Oになるシステム：オペレーター、データ処理システムの構成体（演算処理部、メモリー部、伝送部など）

Vに相当する処理：情報の伝送、蓄積、変換、拡散

Vの程度（状態）表現：データの速度（転送速度)、乱れ（ランダム性)、伝送方式などを表す状態表現

1.3　ニーズをシーズ（技術）に翻訳しよう

機能を分析し考え尽くすことが、顧客と製品を結ぶ架け橋になることを説明してきましたが、さらに別の視点からみると、機能はニーズとシーズ（技術）を繋ぐ役割も果たします。

（1）ニーズとシーズ（技術）の関係

顧客ニーズは、「機能」に「その達成度合い（品質特性）」を加えたものと考えることができます。例えば、湯沸かしポットに対して「水を1分で沸かして欲しい」というニーズがあったとします。**図表1-10**で示すように、湯沸かしポットの機能は「水を沸かす」ですから、その程度「1分で」というのが加わって顧客要求ニーズとなっていることがわかります。つまり顧客ニーズは、このように最終的に製品の機能に対する要求、すなわち機能とその機能の達成レベルを加えたもの、または新たな機能の追加要求となります。

一方、シーズすなわち技術は、機能を実現する手段です。水を加熱する機能を実現する手段にはヒーターや高周波加熱装置等があります。この手段を選択して設計するのが技術者の役割です。**技術者は、ニーズとシーズを繋ぐものは「機能」であることを常に肝に銘じておくべきです。**なぜなら、この考え方はいろいろな問題解決にも非常に役に立つ考え方だからです。

（2）ニーズとシーズを繋ぐツール

ニーズとシーズとを機能で繋いで優先課題を顧客視点で決めるツールとして、**図表1-11**に示すSNマトリックス[(3)]があります。

SNマトリックスでは、最初に自分たちの製品システムを機能で表現し、機能系統図で書きます。次に現在または従来のシステムを対象に機能ごとにその達成レベルを記述し、顧客の要求レベルや他社の達成レベルを調査し、まとめていきます。

SNマトリックスでは、機能の表現を機能とその達成レベルに分けているのが特徴です。機能の達成レベルという観点から現行品の技術レベルと、顧客が求め

図表1-10　ニーズとシーズを繋ぐのは「機能」

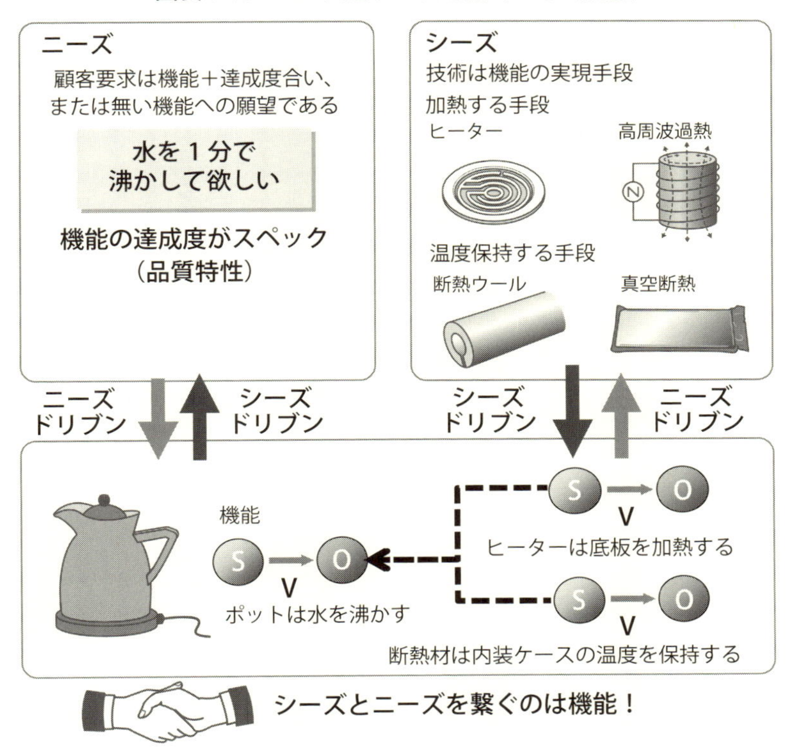

図表1-11　SNマトリックスで狙いどころを決める

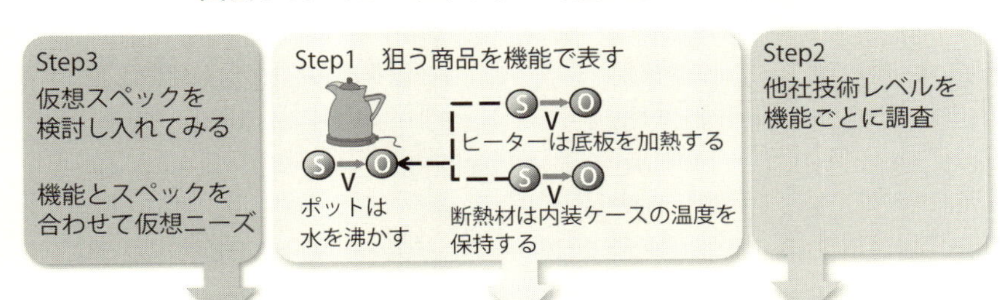

機能Tree階層	優先項目	機能達成レベル 目標	機能達成レベル 現状	機能（S+V+O）	他社技術 レベル	他社技術 内容	顧客要求
		1分で	2分で	ポットは水を沸かす	1.5 分で	□□技術 特許○○	
	◎			ヒーターユニットは……			

るそれとを比べることができます。さらには競合他社の技術レベルをも比較することもできます。優先すべき技術課題を決めるときには、これら三者を比較してより大きなレベルのギャップがあるものについて取り組んでいきます。例えば湯沸しポットでは、現行システムがお湯を沸かすのに5分かかるとして、顧客の要求レベルは「1分で水を沸かして欲しい」というものでした。ここで他社が「2分で水を沸かすことができる」とするならば、自社の次の製品では「1分で沸く」ことを目標とし、そのための技術課題に優先的に取り組みます。

SNマトリックスでは、**図表1-12**に示すように機能を空間的機能だけでなく時間的機能でも表すことができます。**時間的機能分析のSNマトリックスでは顧客の行動分析を行いながら、現行製品での操作性と競合他社の操作性を比較し、現行製品での優先課題を抽出することができます。**SNマトリックスは図表1-10に示すシーズ・ドリブン型のQFDとも言えます。

図表1-12　SNマトリックスの空間・時間分析

機能ツリー階層	優先項目	機能達成レベル		機能（S+V+O）	他社技術		顧客要求
		目標	現状		レベル	内容	
		1分で	2分で	ポットは水を沸かす	1.5分で	□□技術 特許○○	1分で沸かして欲しい
	◎	○℃／分で	□℃／分で	ヒーター部は…	△△で	高周波加熱方式	A社より早く1分で沸かして欲しい
				ヒーターは…	‥‥		
				ヒーター固定部は…	‥‥		
				ヒーター・プレートは…	‥‥		
	◎	保温能力○○で	保温能力□□で	断熱材は…	‥‥	真空断熱材使用‥	○時間保温して欲しい

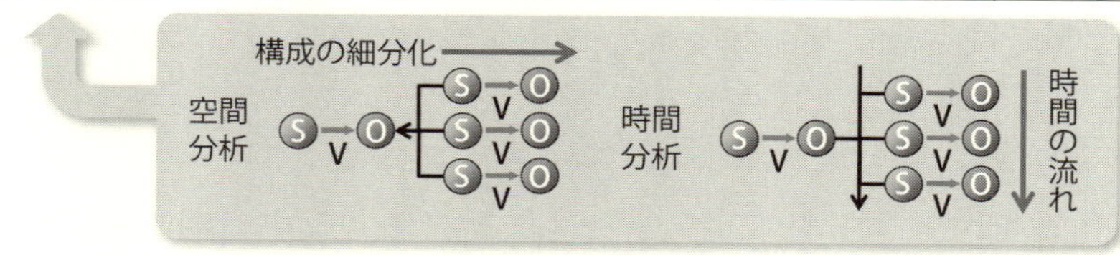

Column QFDとは

QFD（Quality Function Deployment：品質機能展開）で使われるツールに「2元表」と言われるものがあります。**図表1-13**にこの2元表を用いて湯沸かしポットを機能展開した例を示します。

2元表の左側を「要求品質」と言い、ここに顧客要求を記載します。例えば「水を早く沸かしたい」「沸騰したら目でわかるようにして欲しい」などの要求内容になります。この要求品質に対して縦の列に湯沸かしポット仕様（品質特性）をマトリックスで配置して、要求との関連の強さを◎、○、△といった記号で表します。そして2元表の右側を「企画品質」と言い、各要求品質についての優先度を決める部分です。ここでは、従来製品や他社製品が顧客要求を満たしているか否かなどを加味して優先度を総合的に判断します。ある要求品質について、従来製品で要求を満たせず、他社製品にも負けていた場合、その要求品質を「レベル・アップ要求品質」としてマークし、次の技術開発の目玉にします。つまりレベル・アップ要求品質は、次期製品の開発では優先課題となるわけです。このようにQFDは、企画など商品開発の初期段階で用いることでどこにフォーカスして開発を進めていくべきか、顧客要求、競合他社の状況と照らし合わせて合理的に決めていくことができるようになります。

図表1-13　2元表による機能展開

顧客要求（要求品質）	湯沸かしポットの仕様					企画品質		
	ヒーター電力	断熱性能	容量	表示仕様	容器構造	要求との乖離	他社との乖離	**優先度**
早く沸かしたい	◎	◎	◎		○	◎	◎	◎
沸いたら目でもわかるように		◎	○			◎	◎	◎
蒸気が上に出ないように					◎	○	○	○
注ぐときの湯切れ良くして			○		◎		○	
子供がフタを開け難くして				○	◎	○		

ポイント

- 顧客ニーズは、製品の機能とその機能の達成レベルを合わせたもの。新たな機能の追加が求められることもある。
- SNマトリックスとは、ニーズとシーズとを機能で紐づけて技術の優先課題を顧客視点で決めるツールである。
- SNマトリックスによって、現行品の機能レベルと、顧客が求める製品機能のレベルのギャップを知ることができる。さらには、製品で競合する他社の技術レベルも併せて比較することができる。
- 時間的機能分析のSNマトリックスでは、顧客の行動分析を行いながら、現行品と他社製品とで操作性を比較し、次期製品での優先課題を抽出することができる。
- SNマトリックスは、シーズ・ドリブン型のQFDに相当する。
- QFDは、開発の初期段階で用いることで優先すべき技術課題を顧客の要求や、競合他社の状況と照らし合わせながら合理的に決めていく手法である。

1.4 モノではなく、コトでとらえよう

著名なマーケティング学者T・レビット博士は、約半世紀前に出版された自身の著書『マーケティング発想法』の中で「ドリルを買う人が欲しいのは穴である」という名言を残しました。顧客はモノに価値があるからそれを買うのではなく、モノを消費し利用することによって得られるコトに惹かれてモノを買うというわけです。レビット博士の言葉は、コトによって価値が生まれるというマーケットインの原点とも言える言葉ですが、経済環境の大きな変化の中でこの言葉の重みがますます高くなってきているように感じます。

近年、新興国や途上国において先進国よりもはるかに低いコストで品質の高い製品を生産できる国が増えています。その大きな要因として、ITの発達を背景に、製品やその製造プロセスのデジタル化が進むことで、モノづくりへの参入

ハードルが低下したことが挙げられます。今やハイテク製品でさえも短期間でモノが市場に溢れるようになりました。つまり、モノづくりによる付加価値は低くなってきている中、相対的にコトづくりの重要性はますます高くなっていると言えます。そうした消費・経済環境の変化のもとでこれまでモノにこだわってきた製造業の開発者には、「コト」を追求することが求められています。

（1）コトを意識するには何から始めるか？

コトを意識したモノづくりとはいったいどのようなものでしょうか。

まずは自分たちの製品がエンドユーザーにどのように使われるか、今まで以上に思いをめぐらすことが重要です。さらにそれを踏まえたうえで、**製品の製造、輸送、設置、使用、メンテ、廃棄・回収といった製品のライフサイクル（時間軸）に関わるすべての作業者を「顧客」とみなして、彼らの要求する「コト」を考えてみる必要があります。**

残念ながら、製造業の開発者のほとんどは最終的な製品にしか目が向いていません。製品に関わるすべてのコトに気を配る余裕がないのかもしれません。そこで筆者は、**まず最初に時間的特性要因図を作成することをお奨めしています。製品に関するすべての要因が相互にどのよう関連しているか全体を俯瞰することから始める**のです。そうすることでおのずと何を検討すべきかが見えてくるようになります。

特性要因図は、魚の骨（fishbone diagram）とも言われ、QC7つ道具でお馴染みのツールです。魚の頭に相当する部分に技術課題を記入し、それに関係する因子（部品名、特性、気になること…）を思いつくまま記載していきます。**図表1-14**に示すように一般的には空間的特性要因図がよく知られており、時間的な分析でも使えることを知っている人は少ないようです。時間的特性要因図では、魚の骨の背骨部分にメインプロセスを書いて背骨の左から右に時間の流れがあるのが特徴です。

例えば、車のシート内に搭載するヒーターの開発を行っているメーカーが新製品の企画を考える場合を考えてみましょう。開発者は、シートヒーターの本体のみに着目するのではなく、**図表1-15**のように時間的特性要因図を書いて製造からメンテナンスに至るまで、新製品での課題になりそうな因子を挙げていきま

図表1-14　空間的特性要因図と時間的特性要因図

空間的特性要因図

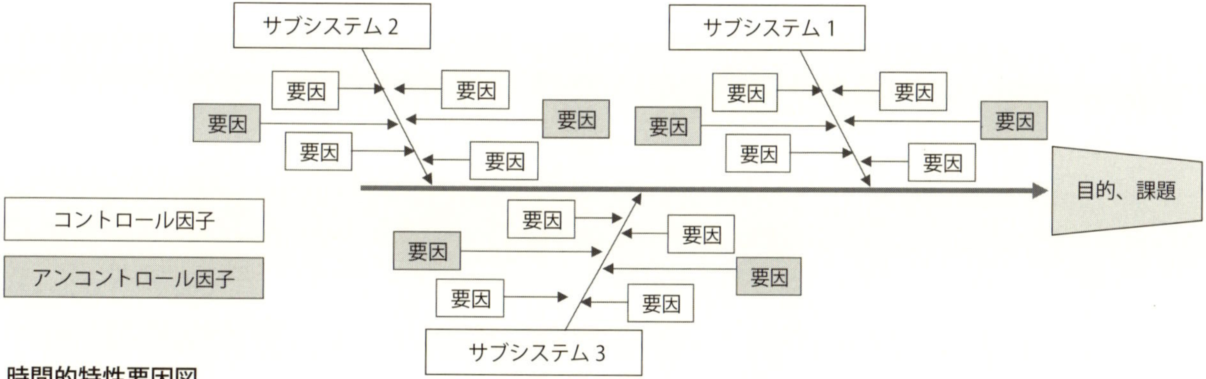

サブシステム 2

サブシステム 1

サブシステム 3

要因

目的、課題

コントロール因子

アンコントロール因子

時間的特性要因図

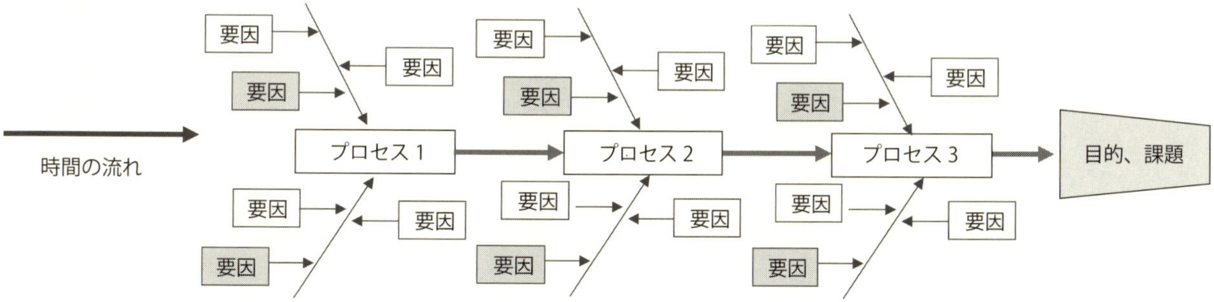

時間の流れ

プロセス 1

プロセス 2

プロセス 3

要因

目的、課題

図表1-15　車載用シートヒーターのコト分析（時間的特性要因図）

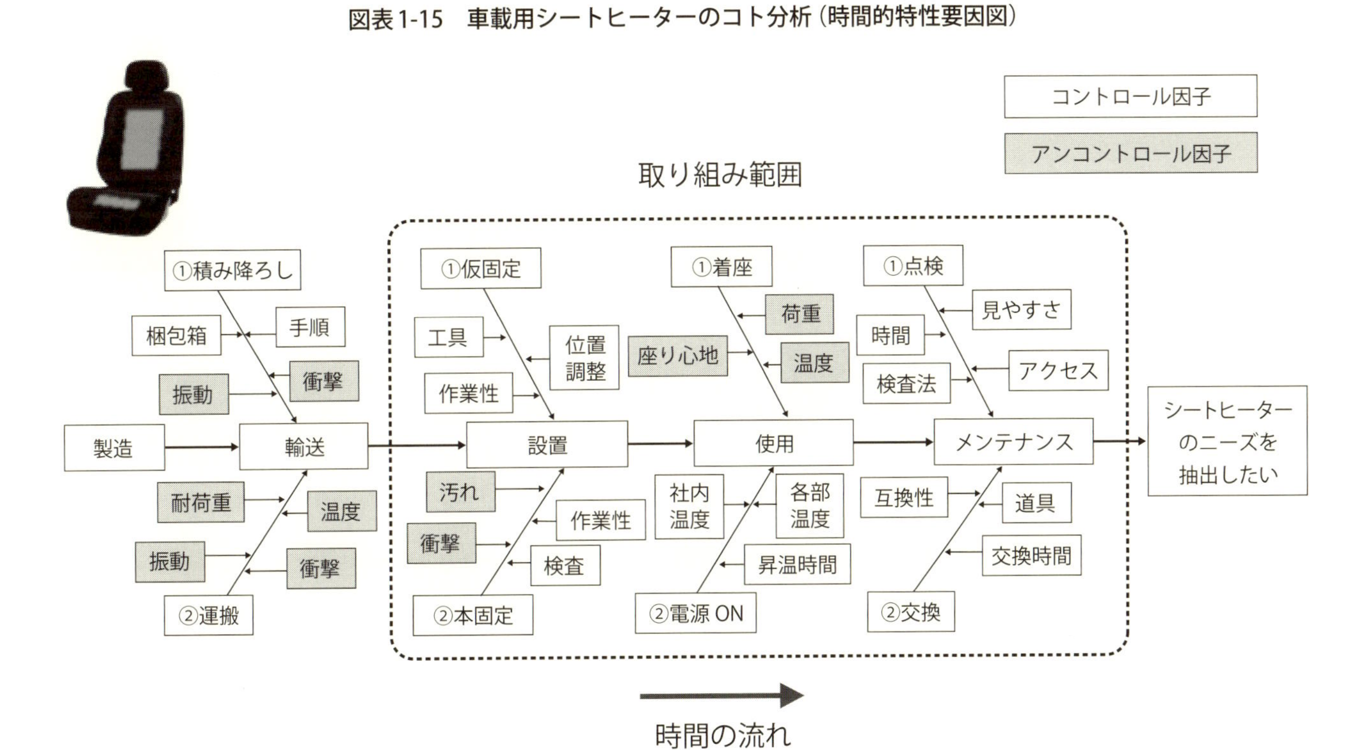

す。その際、これらの因子を自分たちがコントロールできるか否かで色分けをしておくと、開発の取り組み範囲を決定するのに役立ちます。特性要因図を用いて、取り組み範囲を決めるには以下の視点が必要です。

①製品の操作、使われ方を顧客視点で見てニーズを探る

②製品の前のプロセス、製造の組立性、自動化を考慮したニーズを探る

③製品の設置、メンテナンス、廃棄回収を考慮したニーズを探る

④製品を取り巻くサービスを広範囲に提供する場合のニーズを探る

シートヒーターの開発という目的に沿って時間的にどのような要因が絡んでくるかを挙げ、そのなかから取り組み範囲を決めたら、図表1-15に示すようにその範囲を点線で囲みます。

こうすることで、「製品」をモノの視点からだけでなく、コトの視点で眺めることができます。検討の結果、製品の設置やメンテナンスも考慮した顧客ニーズを検討して新製品の技術課題を絞ることもできますし、もっと進んでメンテナンス・サービスまでを取り込んだビジネスモデルを考えることもできます。

（2）ニーズを検討するには行動を分析する

製品を取り巻くコトの範囲が掴めたら、その範囲での顧客の行動を分析します。先に述べたように**ニーズとは顧客を行動へと駆り立てる力であって、ニーズは顧客行動と満足の情報から読み取ることができます**。行動には顧客がこうありたいというニーズが背景にあり、必ず顧客の目的が伴います。したがって、行動の目的を意識しながら行動を機能で表現することが、顧客が何を本当に望んでいるのかを理解するのに役立ちます。

次に図1-15の時間的特性要因図で選んだ範囲について、工程表を元に機能系統図を作成します。

図表1-16に先ほどの車のシートヒーターの使用工程について時間的機能系統図で表した例を示します。機能系統図は階層構造となっているためにユーザーの行動を、

ユーザーの行動：シートに座る

→ユーザーの詳細な行動または操作：シートのヒータースイッチを押す

→詳細な操作および製品の動作：電源が制御回路に供給される

といった順番に記載することができます。必要に応じて細かな操作も記述すると良いでしょう。また、機能　S＋V＋Oで記載することで、その使用工程が何の目的のために行われたかを明確にできます。

ここで主語のSには、行動や操作は人がするものなので「ユーザー」となり、シートヒーター内の動作はシートヒーターの「構成部品」が主語になります。また、ユーザーの行動も、「シートに着座したらシートを冷たいと感じた」など知覚や感覚を記述しても良いです。

図表1-16　シートヒーター使用工程の行動分析例（時間的機能系統図）

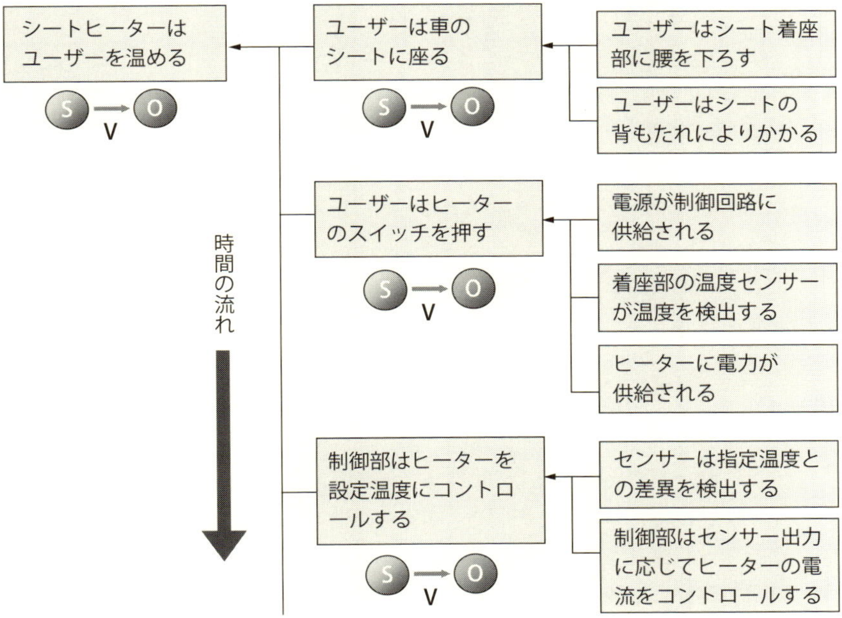

Column ニーズ分析は営業やマーケティング部門の仕事か？

最近、筆者のコンサルティング活動では顧客企業からの商品企画に関する相談を持ちかけられる機会が多くなってきています。特にユーザーの行動の時間分析からニーズを把握したいといった依頼が突出しており、さながら「マイ・ブーム」に近い様相を呈しています。

なぜ時間分析や行動分析が流行るのでしょうか？　それは技術者のみなさんが、普段図面や製品を目の前にしていろいろ悩むことはあっても、意外とユーザーが自分たちの製品を実際にどのように操作しているかまでは思いが及ばないからかも知れません。事実、指導や技術セミナーで時間分析や行動分析を紹介すると、それがとても新鮮に感じるようでした。

しかし同時に、ひと通りの説明を聞いた技術者からは「ニーズ分析は本来、営業やマーケティング部門がやる仕事では？」という反論も多く受けました。その都度、筆者は「顧客行動分析は開発がやる仕事。できれば営業やマーケティング関係者も一緒に加わった方が良い」とアドバイスしています。

従来、さまざまな情報を集めて製品の企画を考案するのは営業や企画部門の仕事であったかもしれません。この常識は、製品で他社と差別化が可能であった「モノ」中心の時代では成立していました。しかし、モノだけでなく新しい「コト」を提供できないと競合には勝てなくなった今、残念ながらこの考え方は古いと言わざるを得ません。

ユーザーが製品をどのように使って何を得ようとしているかという分析には、技術者の高い分析能力と知識が必須です。もちろん営業やマーケティング部署の意見も役立つでしょう。しかし、何より技術者自身が自分の開発した製品が顧客にどのように使われるかを知っていないと顧客に使ってもらって感動を与えるような商品開発は望めません。そのためにシナリオを考えることが重要なのです。機能をふんだんに盛り込めさえすれば売れた時代はとうに終わりを告げていることを心しておきましょう。

ポイント

- 顧客ニーズは、顧客の求めるコトを分析することで掴める。そのために時間的特性要因図と機能系統図を用いる。
- 顧客の行動には目的がある。目的を意識しながら機能を整理することでユーザーが何を本当に望んでいるのかを理解できる。
- 時間的特性要因図によって製品のライフサイクル全体を俯瞰し、最初にどのあたりの開発に課題を見出すかを戦略的に決める。
- 時間的機能系統図で顧客の行動を表すことで、顧客行動（製品の使用）がどんな目的で行われたかを把握できる。

1.5　なぜハードウェアの開発にUXなのか

顧客の求めるコトから具体的に顧客ニーズを引き出すためにはUX（User Experience）の考え方を理解することが近道です。なぜなら、UXではスマートフォンの画面設計等でユーザーがやりたいコトを念頭において、どうすれば快適に感じるかをユーザー目線で追い求めてきたからです。UXの考えを入れて顧客の行動を顧客の価値観と照らし合わせながらニーズを引き出してみましょう。

(1) UXとはいったい何だろうか

UXとはいったい何を指すのでしょうか。人間中心設計（HCD）の国際規格ISO9241-210では、UXを「製品、システム、サービスを使用した、および／またはその利用を予想した際に生じる人々の知覚と反応」と定義しています。また安藤昌也教授は、著書『UXデザインの教科書』[(2)] の中で**「ユーザーがうれしいと感じる体験となるように製品やサービスを企画の段階から理想のユーザー体験を目標にしてデザインしていく取り組みと方法論」**と定義しています。一般的には、同教授の定義の方が理解しやすいのではないでしょうか。

またUXと似た言葉にUI（User Interface）があります。両者は混同されがちですが、UIがユーザーとシステムの接点を表し、ユーザーがシステムに入力する手段や画面デザインを意味しているのに対して、UXはそれを含んだ包括的な概念と言えます。UXは非常に範囲の広い考え方なのでさまざまな捉え方がありますが、UXは、製品・サービスと顧客の間のすべてのやりとりを総合的に表現することで顧客が製品やサービスを通して体験した感情を評価して顧客のニーズに製品やサービスを的確に適合させることを目的とすると考えても良いと思います。要するに**製品でのUXとは、製品やそれに関連するプロセスと顧客の間のすべての接点や背景となる感情を表すものと筆者は捉えています。**ソフトの設計はハードのように制約が多くないため顧客のニーズの合わせて自由に設計できるからこそ、UXの考え方が早くから導入されてきたと思います。しかし、ハードも技術の進化、IT化、AI導入などでより人間に身近なものとなってきている現在、ユーザーとハードの接点や背景となる感情に着目するUXの考え方は、ますます重要になってくると考えています。

（2）UXのデザインプロセス

UXの考え方に基づいたデザインをUXデザインといいます。このUXデザインのプロセスは、

①ユーザー（顧客）体験のモデル化と体験価値の評価

②ビジネスの目標によって設定した体験価値を中心にしたデザイン

③プロトタイプの繰り返しによるデザインの評価、検証

の手順を取ります。

本来、UXは人間の感情を伴う本質的な領域を扱うため、認知工学、人間工学、感性工学、社会心理学、文化人類学など幅広い知識が必要となります。しかし、本書ではUXを学問として扱うものではありません。企業エンジニアはある程度の再現性をもって、製品やサービスのなかにユーザーのうれしいと感じる要素を具体的な形にして仕込む方法を伝えたいと思います。

そこで上記に示したUXのデザインプロセスのうち「①ユーザー体験のモデル化と体験価値の評価」のプロセスにおいて、体験という抽象的な「概念」から必要とされる「機能」へ、そして「UI」へと落とし込むための構造化シナリオ法の考え方を紹介します。構造化シナリオ法は、ユーザーの課題に対する解決策を

「価値」「行動」「操作」のそれぞれの階層で理想形として定義するものです。この階層構造を時間的機能分析の階層構造と合わせることで、体験をより具体化して顧客の潜在ニーズを探るのに使います。

さらに本書では、上記①と②の手順を経てユーザーニーズを想定し、技術課題に落とし込んで製品に組み込むアイデアとするまでのプロセスを紹介します。特に短時間で効率的に実施できるように機能の考え方を中心として解説していきます。したがってすべてのUXデザインプロセスを紹介するものではありませんので、詳細を知りたい方はぜひ専門書を参考にしてください。

（3）構造化シナリオ法と機能ツリーの関係

構造化シナリオとは、理想とする体験を**図表1-17**上部で示すような、

①バリューシナリオ

②アクティビティシナリオ

③インタラクションシナリオ

の3つの階層で記述します。バリューシナリオとはユーザーのニーズの根源となっている価値観を表すものです。例えば、清潔な状態で湯沸かしポットを使いたい人のベースにあるのは健康であることを重要と考える価値観です。またアクティビティシナリオとはユーザーの行為を中心に記述し、例えば湯沸かしポットでは水で湯沸かしポットのステンレス槽を濯（すす）ぐような行動を表します。インタラクションシナリオとはユーザーが製品やサービスにコンタクトする操作を記述するものです。例えば、濯ぐためにフタ部分を掴んでお持ち上げる等の、ユーザーの行動の中でもより詳細な製品との接点を表します。

アクティビティシナリオとインタラクションシナリオについてはユーザーの行動と操作を時間軸で表すことになり、行動と操作が混在することはありますが図1-16で述べた時間的機能系統図の階層構造と似ていることがわかります。むしろ時間的機能系統図は各プロセスを機能で表現することで、ユーザーのプロセスごとの行動や操作の目的を明確にしている点で、書き手による表現のバラツキを減らすことができます。

一方、バリューシナリオは行動を生み出すユーザーが重要に思う（最上位に位置する）価値（本質的ニーズ）を表しますので、行動や操作に表れるニーズの根

源に繋がる部分となります。これは例えば梅澤伸嘉氏が自著『消費者心理のわかる本』[1]で述べている「Beニーズ」に相当すると思われます。Beニーズは、人間がこうありたいとする欲求であり、行動の源とされていますので、ユーザーが重要に思う価値と同等と考えてよいでしょう。

また、Beニーズには次の10種類があるとされています。

①豊かさニーズ　心豊かな人生を送りたい

②尊敬ニーズ　認められる人生を送りたい

③自己向上ニーズ　自分を高める人生を送りたい

④愛情ニーズ　愛されて生きる人生を送りたい

⑤健康ニーズ　元気な人生を送りたい

⑥個性ニーズ　自分らしい人生を送りたい

⑦楽しみニーズ　楽しく楽な人生を送りたい

⑧感動ニーズ　心ときめかせる感動の人生を送りたい

⑨快適ニーズ　快適な人生を送りたい

⑩交心ニーズ　仲良く心暖まる人生を送りたい

これらは個人消費者の価値観であることから、B to Cビジネスでの一般消費者が抱く価値観と言えます。上記の価値観はユーザーの個性として表現することができます。つまり行動の主体となる個人が持つ価値観です。**UXではこれをペルソナ法と言って、ユーザー調査から得られたデータを元に典型的な個人のユーザー像（ペルソナ）を設定します**。つまり、異なるゴールを持つユーザーグループを整理して複数のペルソナを作るわけです。機能分析では行動や操作（V）の主語（S）となる人物像を上記のような価値を重んじる人として表現します（**図表1-17**下部参照）。

一方、B to Bでは企業や団体に所属する人がユーザーとなります。そのような人たちが「こうありたい」とする価値観は、一般消費者のイメージするペルソナとは異なり、その業種に従事する人たちにのみに共通する一般的な価値観となります。この価値観は、Beニーズに基づく人間の本質的な価値観をより一般化した価値観になると思われます。筆者はB to Bの顧客が持つ価値観は、効率良く進めたい、信頼したい、使いやすいと言った価値観になると思います。このような価値観で参考になるのが、ピーター・モービル氏が2004年に提唱した「UXハニカム」[4] という考え方です（**図表1-18**）。なお、同氏は情報アーキテクチャという新興分野の創始者の1人です。

UXハニカムの構造モデルでは ユーザーが感じる価値（Valuable）を構成するものとして価値を中心に以下の6つの要素が配置されています。

①Useful　役に立つ

②Usable　使いやすい

図表1-17　UXの構造化シナリオと時間的機能系統図

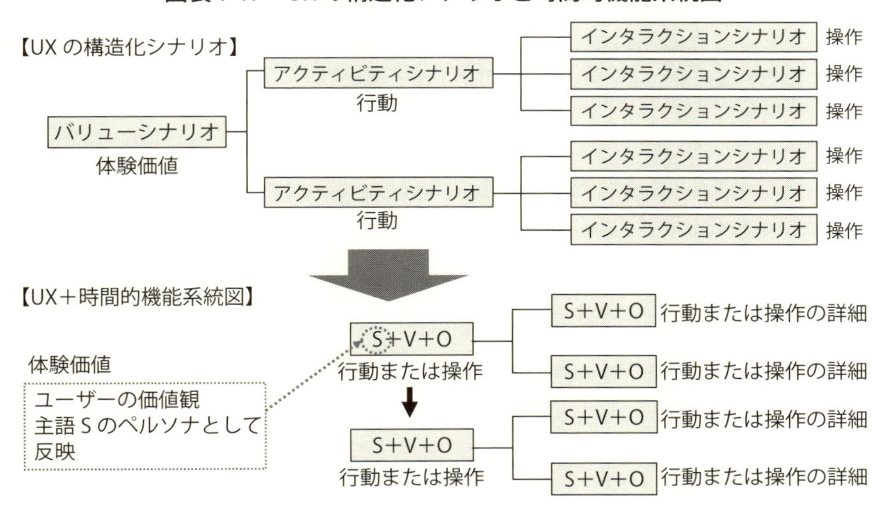

図表1-18　UXハニカムの概念

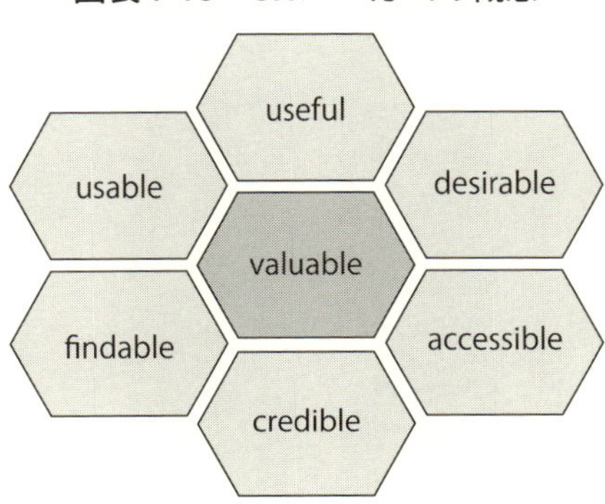

③Findable　探しやすい・見つけやすい

④Credible　信頼できる

⑤Accessible　アクセスしやすい

⑥Desirable　好ましい

この6要素はWebデザインなどで使われ、ソフトウェアで価値を出すための要素ですが、ハードウェア製品でもニーズの源になりうる要素と言えます。もちろんBtoCで顧客の価値観が「UXハニカム」の6要素の方が適している場合もありますし、B to Bの顧客の価値観が10のBeニーズが適している場合もあります。

ポイント

- **UXデザインとは「ユーザーがうれしいと感じる体験」を目標にして理想体験を構造化シナリオとして定義し、これを製品やサービスを企画の段階から組み込んでデザインしていく取り組み。**
- **構造化シナリオは、バリューシナリオ、アクティビティシナリオ、インタラクションシナリオの3つの階層で記述する。**
- **バリューシナリオとは、ユーザーの体験価値や本質的ニーズの観点で記述されるもので、アクティビティシナリオとはユーザーの行動のフローを記述し、インタラクションシナリオとは製品やサービスを操作について時間軸で記述するものである。**
- **B to Cのユーザーが抱く価値観には「Beニーズ」の10種が参考になる。一方、B to Bのユーザーの価値観には「UXハニカム」の6種が参考になる。**

Column 価値観のさまざまな表し方

本書では、BtoCのユーザーならば10の「Beニーズ」、BtoBのユーザーならば「UXハニカム」の要素でそれぞれ価値観を表しています。人間の価値観には、このほかにもいろいろなモデルが提唱されています。

価値観には「人生や社会でどのような状態を目指すかの本質的なもの」と、「どのように行動するかが望ましいのか振る舞いのあるべき姿を示すもの」という2つがあり、価値観は業種や製品ごとでも異なります。例えば、社会心理学者バリー・シュワルツ博士は次の10の価値を提唱しています。

①自決（新しいアイデアを考え付き、創造的であること）
②刺激（冒険し、リスクを犯すこと、刺激のある生活が大切）
③快楽（楽しい時間を過ごすこと、自分を「甘やかす」ことが大切）
④達成（成し遂げたことを人に認められることが大切）
⑤権勢（裕福で、お金と高価な品物をたくさん持つことが大切）
⑥秩序（安全な環境に住む、危険なことはすべて避けることが大切）
⑦調和（礼儀正しくふるまい、間違った行動を避けることが大切）
⑧伝統（伝統、宗教、家族により受け継がれてきた習慣が大切）
⑨善行（周囲の人を助けて、幸せにすることが大切）
⑩博識（環境に気を遣ったり、自然へ配慮することが大切）

また、心理学者エドゥアルト・シュプランガー博士は、権力志向型、審美志向型、経済志向型、宗教志向型、社会志向型、理論志向型の6つに分類しています。

顧客の価値観を設定する場合は、商品の特性と人間の本質的な価値観を掛け合わせて設定すると良いでしょう。

参考文献

(1)「消費者心理のわかる本」梅澤伸嘉著、同文舘出版、2006
(2)「UX デザインの教科書」安藤昌也著、丸善出版、2016
(3)「(財) 日本科学技術連盟主催　第21回品質機能展開シンポジウム」オリンパス（株）　緒方隆司講演資料、2015
(4) http://semanticstudios.com/user_experience_design/

第2章

UXで本当の顧客ニーズを抽出しよう

UXによるシナリオを具体的なニーズに落とし込むのに時間的機能分析が有効であることがわかりました。本章では、ニーズを想定するまでの具体的な手順を紹介します。BtoC商品では湯沸かしポットを、BtoB商品では車載用ヒーターを事例として、製造業の開発担当者が短時間で取り組めるUXの考え方を入れたニーズ分析の流れを紹介します。

2.1 UXによるニーズ分析から商品コンセプト案までの流れ

UXを取り入れた顧客ニーズの分析から、次期商品のコンセプト作成までの流れを**図表2-1**に示します。

同図左側はUXの考え方を入れた時間的な行動・操作のニーズ分析の流れで、右側は空間的な構成要素のニーズ分析の流れになります。一般的には対象となる商品を使うプロセスの分析を行い、そこで抽出された優先ニーズを対象となるシステムの空間的構成部位に反映させる手順です。一方、サービスのようにプロセスとして商品を表現できる場合には時間的なニーズ分析だけでコンセプト案を作ることもできます。

以下、本書では、本章から第4章にかけて図表2-1のフローの詳細を説明していきます（図表中の番号は本書での節番号に相当します）。

図表2-1　ニーズ分析から商品コンセプト案までの流れ

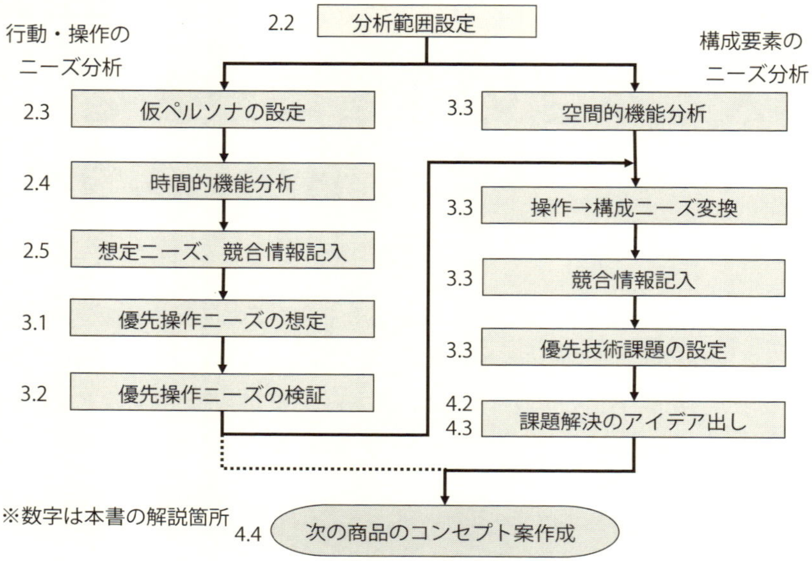

行動・操作のニーズ分析

2.2 分析範囲設定

構成要素のニーズ分析

2.3 仮ペルソナの設定

2.4 時間的機能分析

2.5 想定ニーズ、競合情報記入

3.1 優先操作ニーズの想定

3.2 優先操作ニーズの検証

3.3 空間的機能分析

3.3 操作→構成ニーズ変換

3.3 競合情報記入

3.3 優先技術課題の設定

4.2 4.3 課題解決のアイデア出し

4.4 次の商品のコンセプト案作成

※数字は本書の解説箇所

2.2　ニーズ分析で取り組み範囲を決めよう

コンセプト案作成にあたって製品のどこにフォーカスすべきかを決めるためにニーズ分析を実施します。空間的特性要因図と時間的特性要因図を作成して全体を俯瞰し、ニーズと関係ある因子を挙げながら詰めていきます。

まず部品構成表などを参考に空間的特性要因図を作成してニーズ分析の取り組み範囲を決めます。次にその取り組み範囲に対応する製品の使用シーンを記述していきます。工程表を参考にしながら時間的特性要因図を作成します。湯沸かしポットを例にすると、空間的特性要因図は**図表2-2**のようになり、時間的特性要因図は**図表2-3**のようになります。両特性要因図とも、その作成時に因子は思いつくものすべてを何でも挙げて、それぞれの因子が開発者がコントロールできるか否かで塗り分けます。

コントロール因子は、開発者が仕様や図面で決定できるもの、アンコントロール因子は、購入部品や他部門の設計範囲、顧客の使う条件や環境等が相当しま

図表 2-2　湯沸かしポットの空間的特性要因図

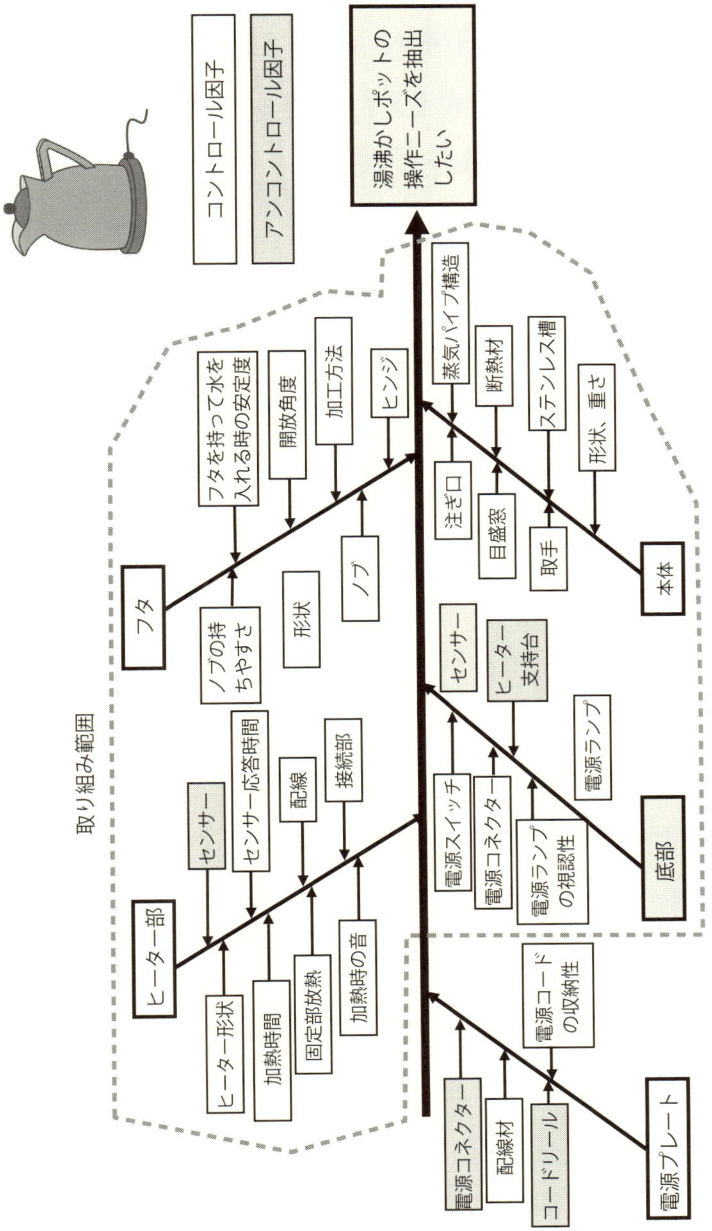

図表2-3　湯沸かしポットの時間的特性要因図

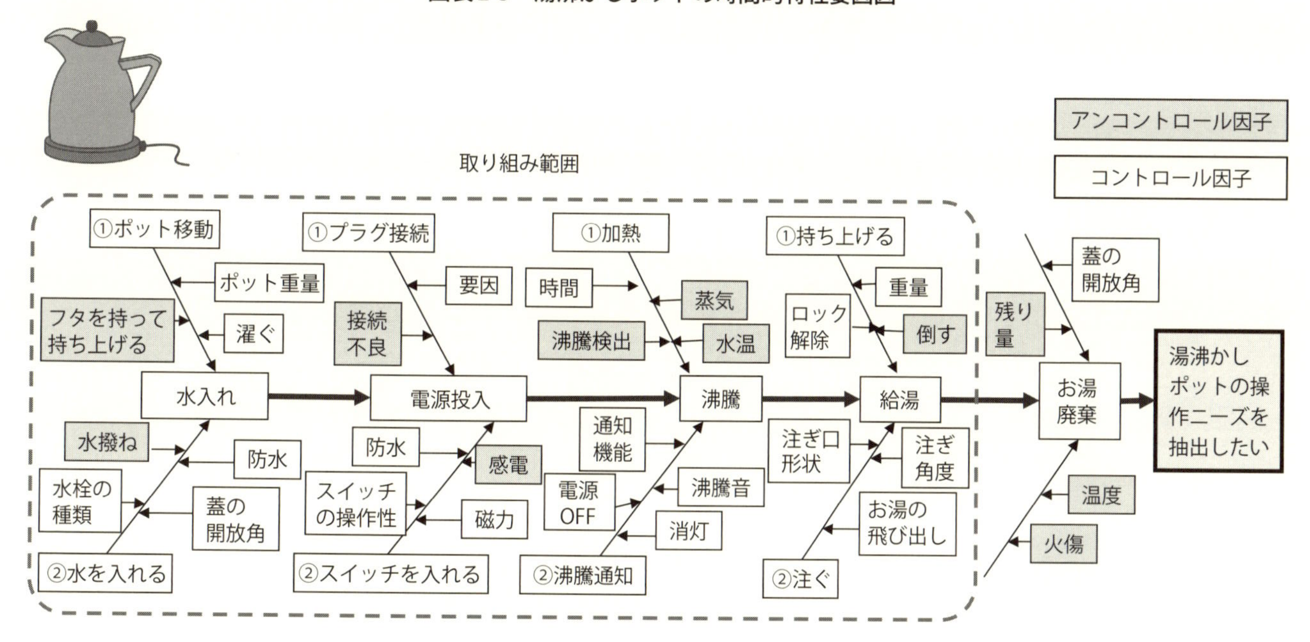

図表 2-4　特性要因図と機能分析の関係

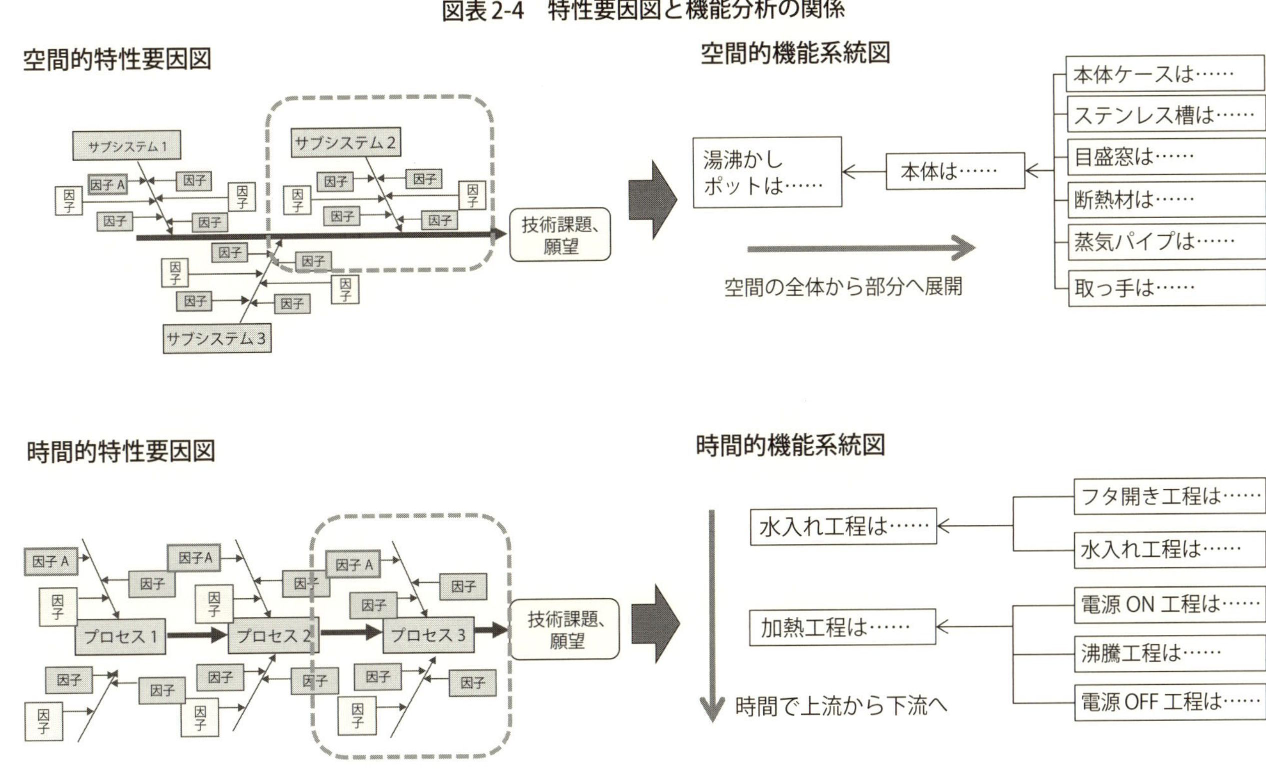

す。**取り組み範囲は、コントロールできる因子を中心に取り組むことが可能な工数と日程的な制約を加味して決めます。**取り組み範囲の中にアンコントロール因子を含めても構いません。ただし、アンコントロールであることを意識して取り組むことにしたため、パラメーターが大きく変化することも想定します。**ここで点線で取り囲んだ範囲は、空間または時間的な機能分析をしてユーザーニーズを詳細に分析しようと決めた範囲になります。図表2-4**で示すように、空間的特性要因図は空間的機能系統図に、時間的特性要因図は時間的機能系統図対応します。

ポイント

- コンセプト案作成にあたっては、空間的特性要因図でおおよその取り組み範囲を決めて、時間的特性要因図で具体的な動作や操作を絞っていく。
- 特性要因図の作成では、思いつく因子をすべて挙げる。それぞれの因子は、開発の範囲や方向性を決定するため、コントロール因子と、アンコントロールに塗りわけておく。
- 取り組み範囲は、これら因子と日程や工数などの制約条件により決める。
- 空間的特性要因図は空間的機能系統図に、時間的特性要因図は時間的機能系統図に対応する。

2.3 ターゲットユーザーの人物像を設定しよう

顧客の行動を分析するには、顧客の特性を事前に設定しておく必要があります。特性とは、年齢、性別、家族構成などといった属性だけを指すのではなく、どのような価値を重んじるのか、ということが一番重要になります。

(1) 仮ペルソナの設定

UXにおけるペルソナとは、対象となるユーザーをあたかも実在する個人であるかのように描写・説明したものです。**ペルソナを設定する目的は、製品やサー**

ビスを使う顧客がどのような価値観を持っているかを明確にイメージすることで、それが行動や操作にどのように表れ、どのようなニーズを生むかを想定することです。

よく言われるターゲット（ユーザー）という呼び名が、「群」あるいは「市場」など統計的に捉えているだけなのに対して、どのような「価値観」「こだわり」「モチベーション」を持つ人物なのか詳しく描き出すことに重点が置かれています。したがって、ペルソナでは、以下のような情報を詳細に記載したカードを作るのが一般的です。

①属　性

氏名、性別、年齢、職業、家族構成、居住地、住居形態、年収など

②パーソナリティ

個性、性格、価値観、こだわり、誇り、自負、不安・不満など

③ライフスタイル

ファッション、食事、住居、働き方、遊び、休息＆癒し、学び、美意識、子育て＆教育、健康など

④周囲との関係性

コミュニティ、情報源など

ペルソナは、一般的にはユーザー調査を実施して、その結果に基づき白紙の状態から設定します。一方、本書では**開発の狙いどころを絞ったうえでその方針に合致した仮のペルソナを開発者が想定します。**

第1章で紹介した構造化シナリオに基づき、特定の価値観を持つユーザー（主語S）がどのように行動し製品やサービスを操作するか、S＋V＋Oで記載し、時間的機能系統図でモデル化していきます。その観点から必要な情報を基に簡易的に作成したのが**図表2-5**に示す**仮ペルソナ表**です。この仮ペルソナ表で行動や操作にどのような影響をするかを効率的に検討することができます。

（2）顧客の価値観はその行動や操作にどのような影響を及ぼすか

第1章の述べたように、ユーザーの行動や操作は、目的を持った機能（S＋V＋O）の集合体として時系列に表現されます。ここで主語（S）が顧客の場合には主語（S）が持つ価値観の違いは機能（V）の違いや機能（V）のその機能達成

図表2-5　湯沸かしポットでの顧客想定（仮ペルソナ表）

名前	Aさん	性別	女性	年齢	40代	職業	主婦	家族構成	夫婦＋子供1人
大切にする価値観（Beニーズ）	⑤「健康ニーズ」元気な人生を送りたい								
行動のゴール	コーヒーを安全に清潔に飲みたい								

名前	Bさん	性別	男性	年齢	30代	職業	E製造業	家族構成	独身
大切にする価値観（Beニーズ）	⑨「快適ニーズ」快適な人生を送りたい								
行動のゴール	水を早く沸かしてコーヒーを飲みたい								

の程度に表れます。

例えばBtoCの商品である湯沸かしポットでコーヒーを入れる工程で考えてみます。このようなケースではユーザーが重要と考える価値観として10のBeニーズが適しています。例えばAさんは、「健康ニーズ（元気な人生を送りたい）」タイプ、Bさんは「快適ニーズ（快適な人生を送りたい）」タイプだったとします。詳細には先の図表2-5で示したような仮ペルソナ表で表されます。

Beニーズはこの表では2つまで選べるようになっていますが、複数を選択しても問題ありません。AさんとBさんの行動の違いは、**図表2-6**に示すように、「湯沸かしポット（O）」に「水（O）」を「入れる（V）」と、「沸騰したお湯（O）」を「カップ（O）」に「注ぐ（V）」という機能の程度の差に表れます。

健康志向のAさんは自分の健康や安全が気になるので、できるだけポットの中をきれいにして清潔な水で沸かしたいとなりますし、沸いたら火傷しないように慎重にゆっくりとカップに注ぎます。一方、快適志向のBさんは早くお湯を沸かしたいのでコップ1杯くらいに水を少なくしてポットに入れ、沸いたら早く一気にカップに注ごうとします。このように行動や操作を機能で表現してその正確な目的を把握することで、顧客が重要に思う価値（本質的ニーズ）が行動や操作に

図表2-6　価値観の違いが湯沸かしポットの動作や操作に表れる

重要に思う価値（本質的ニーズ）	水を入れる（V+O）	お湯をカップに注ぐ（V+O）
「健康ニーズ」 元気な人生を 送りたいAさん 	 何回かすすぐようにして （機能の程度） 《ポットを清潔にしたい》	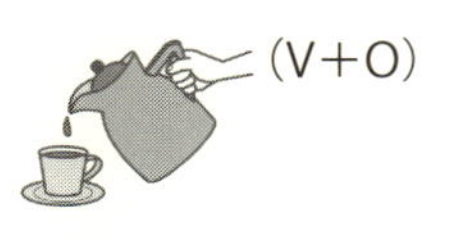 飛散しないようにゆっくり （機能の程度） 《火傷しないように》
「快適ニーズ」 快適な人生を 送りたいBさん 	コップ1杯位に 少なくして 早く沸くように （機能の程度） 《早く沸かしたい》	速く一気に （機能の程度） 《早く入れたい》

表れることを分析できます。

　また、顧客が重要に思う価値が行動や操作に表れると、製品の操作法に対するニーズとして表われます。このニーズは後述する機能に基づくニーズ分析のSNマトリックスで抽出することができます。

（3）BtoBの産業用製品での顧客価値（仮ペルソナ）の設定

　一般的にBtoBの顧客は、BtoCのそれのような個性豊かなユーザーではありません。例えば自動車の部品を作るメーカーでは、自分達の後工程、すなわち部品を供給する自動車会社の組立工程、輸送工程、販売工程、ユーザーの使用工程、メンテナンス工程、廃棄工程等すべての工程にいる人たちが顧客となる可能性があります。

　これまで自動車メーカーはモデルチェンジしたとしても大きく仕様が変わる部分は少なかったため、部品メーカーは次の後工程、すなわち組立工程で自分達の部品が組み付けやすいものを工夫すればOKでした。もちろんこの分析に時間的な機能分析とUXアプローチを使って、効率良く組み立てたいユーザー（作業者）を設定してニーズ分析して製品に反映することはできます。

　しかし、最近の筆者の所に来る部品メーカーの悩みはもっと深い所にあるようです。例えばユーザーである自動車メーカーが電気自動車や自動運転車等、新たな分野で製品を開発しようとしている場合には、自社の開発は膨大になるため、明確な部品への要求がすぐに出せず、部品メーカーにもっと新しい市場に合った部品を提案してきて欲しいと言うようです。すでに欧米の大きな部品メーカーはそのような実力を備えてきており、自動車メーカーへの影響力が大きくなってきています。

したがって、部品メーカーは一番遠い自動車のエンドユーザーを考えることも必要になるわけです。先読みをして新しい分野のユーザーの使い方を考慮した製品を提案できるか否かで部品メーカーの実力が試されるわけです。

このような場面ではBtoBメーカーでも顧客企業のエンドユーザーを考えたUXのアプローチが効果を上げます。この場合にはBtoCで設定したような個性的なペルソナではなく、顧客企業も理解しやすい一般的な価値観を持つペルソナ設定を使います。そこで参考になるのが「UXハニカム」の6要素です。ユーザーが感じる価値（Valuable）として、①Useful（役に立つ）、②Usable（使いやすい）、③Findable（探しやすい・見つけやすい）、④Credible（信頼できる）、⑤Accessible（アクセスしやすい）、⑥Desirable（好ましい）から構成されています。

例えば、これらを使って、車載用のシートヒーターを作っている会社が自電気自動車（EV）を想定した製品開発を行うためのニーズ分析を行う場合について説明します。仮ペルソナの表は**図表2-7**に示すように従来のエンジン自動車のユーザーと比較できるように電気自動車（EV）のユーザーを設定して、自社のヒーターの使われ方でどこが違うのかを分析していきます。

また、AさんとBさんの行動の違いは、行動のゴールによる違いとして、**図表2-8**に示すように、「シートヒーターのスイッチ（O）」を「ONにする（V）」ときや、「ヒーター（O）」に「電力を供給する（V）」ときなどに、機能の程度の差として表れます。

ガソリン車ユーザーのAさんの行動ゴールは、エアコンが主暖房なので、シートヒーターはその補助暖房手段として、エアコンだけでは寒いと感じたときにすぐに使いたいということです。したがって、必要なときにすぐにアクセスできることが重要な価値観となり、⑤Accessible（アクセスしやすい）、②Usable（使いやすい）、が優先されます。一方電気自動車ユーザーのBさんの行動のゴール

図表2-7　車載用シートヒーターでの顧客想定（仮ペルソナ表）

ガソリン自動車

名前	Aさん	性別	女性	年齢	30代	属性	ガソリン車ユーザー	職位	一般
大切にする価値観（UXハニカム6要素）	⑤Accessible – アクセスしやすい						②Usable – 使いやすい		
行動のゴール（行動の目的）	シートヒーターはエアコンの補助なので、使いたいときにすぐに暖めたい								

電気自動車

名前	Bさん	性別	女性	年齢	30代	属性	電気自動車ユーザー	職位	一般
大切にする価値観（UXハニカム6要素）	①Useful – 役に立つ						④Credible – 信頼できる		
行動のゴール（行動の目的）	シートヒーターが主暖房なので、暖房が効果的に効き、かつ省電力の効率的な暖房を望む								

図表2-8　価値観の違いが車載用シートヒーターの動作や操作に表れる

重要に思う価値（本質的ニーズ）	座ったときにシートヒーター をONにする  (V+O)	シートヒーターを制御する  (V+O)
「Accessible（アクセスしやすい）」 シートヒーターはエアコンの補助手段なので、すぐに暖めたい。  ガソリン自動車のユーザーAさん	走行中でも容易に（機能の程度） 《ヒーターにアクセスしやすい》	エアコンが効き出したらすぐに（機能の程度） 《ヒーターにアクセスしやすい》
「Useful（役に立つ）」 シートヒーターが主暖房なので、暖房が効果的に効き、かつ省電力の効率的に暖めたい。  電気自動車のユーザーBさん	座ったら自動でフルに入るように（機能の程度） 《ヒーターが役に立つ》	お尻→太腿→背中の順番で早く（機能の程度） 《ヒーターが役に立つ》

はシートヒーターが主暖房になるので、とにかく早く温めたいが、航続距離が気になるので省電力で暖房効果が大きいことになります。したがって優先されるのは①Useful（役に立つ）、④Credible（信頼できる）価値観が優先されます。UXハニカムの6要素は行動のゴールを見ながら最も優先されそうな価値観を選んでください。こうして価値観から出てくる行動のプロセスごとのニーズを想定していきます。例えば、図表2-8に示すように、ガソリン車のAさんはシートヒーターは寒いと感じたら、走行中でも容易にONできるようにしたいと思い、電気自動車のBさんは。座る前に自動でシートヒーターは温まっていて欲しいと思います。また、シートヒーターをOFFする場面では、ガソリン車のAさんはエアコンが温かくなったら、走行中でもすぐにOFFしたいと思い、電気自動車のBさんは。お尻→太腿→背中の順に省電力で効率よく温めてその後は少ない電力で弱く温めて欲しいと思います。

このように2人の異なるユーザーを想定することで新しい電気自動車ではどのようなヒーターを開発して良いかが見えてきます。

ポイント

- **UXにおけるペルソナとは、実在する人物であるかのように設定した仮想のユーザーである。**
- **ある価値観を持ったモデル（ペルソナ）を設定することで、その人物がどのような振る舞いや製品操作をするかをシミュレーションでき、そこから具体的なニーズを抽出することができる。このニーズはSNマトリックスで抽出できる（後述）。**
- **本書では開発の方針に合致した仮ペルソナを想定し、その特定の価値観を持つユーザー（主語）が行動し、製品やサービスを操作することをS＋V＋Oで記載し、時間的な機能系統図でツリーにより表現する。**

2.4　顧客の行動と操作を分析しよう

まずは、ある特定の価値観を持つ顧客の行動や、そのためのさまざまな操作を時間的機能分析しその目的をあらためて記述してみることが大切です。そうすることで、顧客の製品の機能に対するニーズ、すなわちどんな機能が必要か、その機能の達成レベルはどうかということが可視化されてくるからです。時間的機能分析は、顧客の一連の行動を階層構造に分けて時間軸で記述していくツールです。

（1）顧客行動とそれに伴う操作の表し方

ここで言う「行動」は、製品に関連する顧客の働きです。湯沸かしポットを例にとると、水を入れる→水を沸かす→コーヒーを入れるような機能の連なりになります。一方、「操作」は、製品と接触してからの行動なので、目的語（O）は製品またはその一部となることが多くなります。

例えば、湯沸かしポットで水を沸かしてコーヒーを入れるプロセスを考えます。**図表2-9**は湯沸かしポットでお湯を入れる工程を、**図表2-10**はその時間的

図表2-9　湯沸かしポットの水入れから沸騰までの工程表

湯沸かしポットでコーヒーを入れる	n	第1階層（アクティビティシナリオ1）	nn	第2階層（インタラクションシナリオ1）	nnn	第3階層（インタラクションシナリオ2）	nnnn	第4階層（インタラクションシナリオ3）
	1	水入れ						
			11	フタを開ける				
			12	水を入れる				
			13	フタを閉める				
	2	電源投入						
			21	電源プラグ接続				
			22	スイッチを入れる				
			23	ONを確認				
	3	沸騰						
			31	水が沸騰する				
			32	ブザーが鳴る				
			33	電源が切れる				
			34	ランプが消える				

図表2-10　水入れから沸騰までの時間的機能系統図

階層番号（nn・・を記載）				主機能の程度 Vの副詞（仕様、状態）	主機能（主語S+動詞V＋目的語O）	
					主語（S）は	Oに（を）Vする
1				床に置いて満まで20秒で	ユーザーは	ポットに水を入れる
	11			140度の開放角いっぱいに	ユーザーは	フタを開ける
	12			シンクに置いて水栓を開き	ユーザーは	水を入れる
	13			カチッと音がするまで	ユーザーは	フタを閉める
2				確実に	ユーザーは	ポットのヒーターの電源を入れる
	21			マグネットが吸着するまで	ユーザーは	電源プラグをポットに接続する
	22			止まるまで押し込むように	ユーザーは	電源スイッチをONにする
	23			光っている状態で	ユーザーは	電源ランプを確認する
3				沸騰したら5秒以内に	湯沸かしポットは	ユーザーに沸騰を知らせ、電源を切る
	31			1リットル／60秒で	ヒーターは	ステンレス槽内のお湯を沸騰させる
	32			沸騰したら5秒以内で	ブザーは	ユーザーに沸騰を知らせる
	33			沸騰したら5秒以内で	コントローラーは	沸騰を検知して電源を切る
	34			沸騰したら5秒以内で	コントローラーは	電源ランプを消灯する

機能系統図をExcel表形式で表したものです。

図表2–9では、工程の階層（ツリー）構造を表で表現するために、第1階層は、「1. 水入れ」「2. 電源投入」…というように一桁の番号で表します。またその下の第2階層については、例えば「1. 水入れ」の下の第2階層では、頭に1を付けて「11. フタを開ける」「12. 水を入れる」「13. フタを閉める」…というように2桁の番号で表します。

この工程表を元に時間機能系統図をExcel表形式で表したのが図表2–10です。この図では左端に工程の階層構造を表すカラムがあり、工程表の階層ごとに各工程の機能が主語（S）＋働き（V）＋目的語（O）で記述され、その働き（V）の程度が機能の程度の欄に分けて記載されています。この機能系統図は工程表と同じように上から下へ時間の流れがあります。

ここで、機能の第1階層を顧客の大まかな行動や操作、第2階層以上を顧客の詳細な行動や操作と捉えれば、UXの構造化シナリオのアクティビティシナリオ、インタラクションシナリオに近いことがわかります。ただし、ここでは構造化シナリオのように行動と操作を明確に分ける必要はありません。構造化シナリオでは行動と操作を明確に分けることで行動での目的を意識しようとしていますが、機能系統図では機能（S＋V＋O）で記載することで、行動や操作の上位層から下位層へ目的が伝わり、明確になっているからです。顧客の価値観の違いは、構造化シナリオではバリューシナリオで表現しますが、本書では仮ペルソナでユーザーの価値観を想定します。そのユーザーを主語とした上位機能で表現される行動を時間を追って機能（S＋V＋O）で記載します。なお、時間的機能系統図では、主語が顧客以外の湯沸かしポット内の部位や周辺の関連する機材部位になることもあります。その方が全体の動きを把握しやすくなるからです。

また、「主機能の程度」を「主機能（S＋V＋O）」とわざわざ分けているのには理由があります。第1章の図表1-10で示したように、顧客ニーズは「機能」とその「機能の程度」を加えたものとして表現できるからです。後述しますが、競合他社の製品と操作性を比較する場合も、この機能の程度で比較することができるからです。機能の程度は、働き（V）を修飾する言葉として書きます。動きや操作をどのようにするか、どのような仕様で動作させるかなど、わかる範囲で具体的に記載してみてください。

このように機能はS＋V＋OとVの程度で記載されますが、機能を考えるときにはその工程、動作、操作の目的を考えながら、対象物（O）（または相手）を明確にして記載します。なお、製品には複数の機能があるのが普通なので、時間的機能系統図には、それぞれ①、②…と番号を付けて並列に記載しましょう。

注意すべきなのは、できるだけ平易に一般的な表現を使って書くことです。**機能を表現するときには自社内だけで使われている言葉や、専門用語は避けて、第三者でも理解できるように記載すると良いでしょう。小学生でもわかるような表現がベストです。ある「機能」は、その上位の階層に位置する「別の機能」を達成する手段として記載します。階層ごとに目的と手段が連鎖するように記載すると良いでしょう。**

（2）顧客の操作（インタラクションシナリオ）の詳細分析

前述したように顧客の操作は工程表を元に作成します。ただし、場合によっては工程表よりもさらに細かい粒度で操作を分析する必要が出てきます。「顧客が製品に接する際にどのような動きをしているか？」「どのように触れているかなど」は、机上の想定だけではわかりづらいからです。そのような場合には、顧客の操作を実際に観察してビデオ撮影してみることをお薦めします。必要であれば1分1秒単位でも機能系統図に記載してみましょう。

湯沸かしポットの例では、ポットのフタをどのように持って水を入れるか、車載用シートでは、作業者がどのように工具を使ってシートを固定するかなど、ビデオ撮影してみると、顧客の細かな動きから、新たな気づきを得ることもあります（**図表2-11**）。

（3）機能を強化すると出てくる副作用をどうするか

機能を分析したら、次にその機能を顧客の望むように強化することによって出てくる副作用も考えてみましょう。顧客がより確実に操作しようとすると出てくる「反作用の力」や「発熱」「騒音」などの物理現象のほか、顧客がある操作に集中するあまり疎かになってしまう別の操作など心理面の副作用もあります。副作用は、問題を改善しようとすると、悪化する背反事象として記述されこともあります。**思いつくものは何でもよいので、時間的機能系統図に「副作用」の欄を設けて箇条書きでメモをしておくと良いでしょう。**

湯沸かしポットでの副作用記入例を**図表2-12**に示します。ここでは、水を入れる機能を強化して水を早く勢い良く入れようとすると、副作用として本体の縁

図表2-11　操作の詳細な時間分析

湯沸かしポットの水入れ　時間細分化の例

シートヒーターの取り付け　作業時間細分化の例

図表2-12　湯沸かしポット　副作用の記入例

機能を理想的に高めると出てくる副作用

階層構造（nn・・を記載）				主機能の程度	主機能（主語S+動詞V+目的語O）		副作用
				現状	主語（S）は	Oに（を）Vする	（主機能を強化すると発生する期待しない働き）
1				床に置いて満まで20秒で	ユーザーは	ポットに水を入れる	水がスイッチ部や電源に侵入する
	11			140度の開放角いっぱいに	ユーザーは	フタを開ける	力を入れすぎでヒンジを壊すことがある
	12			シンクに置いて水栓を開き	ユーザーは	水を入れる	水がこぼれて電源周りを濡らすことがある
	13			カチッと音がするまで	ユーザーは	フタを閉める	勢いよく閉めてストッパーを壊すことがある
2				確実に	ユーザーは	ポットのヒーターの電源を入れる	
	21			マグネットが吸着するまで	ユーザーは	電源プラグをポットに接続する	
	22			止まるまで押し込むように	ユーザーは	電源スイッチをONにする	
	23			光っている状態で	ユーザーは	電源ランプを確認する	
3				沸騰したら5秒以内に	湯沸かしポットは	ユーザーに沸騰を知らせ、電源を切る	沸騰時の音でブザーが聞こえにくくなる
	31			1リットル／60秒で	ヒーターは	ステンレス槽内のお湯を沸騰させる	沸騰しすぎてお湯が突出しやすくなる
	32			沸騰したら5秒以内で	ブザーは	ユーザーに沸騰を知らせる	

ポイント

- ある価値観を持つ顧客が、どのような行動、どのような製品操作をするか、一連の行動と作業を時間的機能系統図にまとめることでその顧客の求める機能とその程度を可視化できる。
- 時間的機能系統図に機能を書き込むときはできるだけ平易な、一般的な表現で記述する。自社内だけで通用する表現や、専門的用語は避けて、小学生でもわかるような表現で第三者でも理解できるように書く。
- 時間的機能系統図に顧客の操作を書き入れる際は、一般に工程表から引用して作成する。ただし、より詳細な操作が必要なときは、実際に作業をビデオ撮影してそこから抽出する。
- 顧客のニーズには、機能を達成しようとしたときに起こる副作用の軽減も含まれている。時間的機能系統図には、副作用とはいえないまでも気になることであれば何でも記載しておく方が良い。

から水が出てスイッチ部分や電源部分に水が浸入しやすくなることが記載されています。

顧客のニーズには、その副作用の解決や軽減も含まれています。したがって、副作用が少しでもありそうな機能は記載しておくと良いでしょう。副作用の欄には厳密には副作用でなくとも、その操作をするときに気になることを書くというくらいでも構いません。

2.5　顧客価値からニーズを想定しよう

本節では、実際に行動分析の結果からSNマトリックスを使って実際に顧客ニーズを予測してみましょう。**顧客の基本的な要求は、機能を理想的に高めて欲しいという目的達成の要求と、それに伴って発生する副作用が少ないようにして欲しいという要求です。**さらにその要求に付け加わるものとして、バリューシナリオで書くような仮ペルソナで定義された価値観や本質的なニーズに由来するニーズが想定されます。

（1）機能とニーズ（顧客要求）との関係

機能とは、すなわち目的のことです。例えば湯沸かしポット全体の機能は「水を沸かす」という目的です。それを踏まえたうえで、顧客の要求は、「より早く水を沸かしたい」となり、「水を沸かす」という機能にその程度「より早く」とか「1分で」というような機能の程度が加わった表現となります。つまり、機能を理想的に高めて欲しいという目的達成の要求となります。

また、もう一つの基本的な要求は機能の達成に伴う副作用をより小さくしたいというものです。例えば「水を沸かす」という機能を「より早く」実現しようとすると「大電力が必要となる」副作用が想定されますが、その裏返し「より少ない電力で水を早く沸かしたい」という副作用の削減要求となります。

実際の顧客の要求はもっと複雑です。顧客の価値観が反映し、上の2つの基本要求も顧客特有の要求へと変化します。これがUXのバリューシナリオが影響する部分です。

これらの要求は分析時点では、実際の生の声ではなく、行動から読み取った想定の要求でしかありません。しかし、**目的を持った行動や操作から出てくるこれらの基本要求は想定要求の中でも一番ベースとなるものです。**これらをベースとして、さらに顧客の個性に合わせてニーズを分析することで想定の確度を上げていくことができます。

（2）想定ニーズ抽出のためのSNマトリックス

SNマトリックスは、顧客の要求する機能を想定するのに便利なツールです。本来、SNマトリックスは、図表1-8で示したようにシーズを機能に翻訳してニーズとの接点を求めるツールで、「シーズ・ドリブンQFD」の一手法と言えます。したがって、ニーズは実際の顧客の声と現行製品の機能の達成程度とを比較するようにして使いますが、本書では「想定ニーズ」を抽出するのに使います。

図表2-13に湯沸かしポットでコーヒーを入れる工程の時間的なSNマトリックスを記述した例を示します。この図は、図表2-9の第一工程の「水入れ」を抜き出したものです。紙面の都合上、「副作用」の欄と「顧客Aニーズ」の欄の間で2つに分けていますが、実際は横に1つの長い表になります。

SNマトリックスでは、最初に時間的な機能分析を行いますので、表の左端に機能の「階層構造（ツリーの階層）」があり、その横に現状製品の「主機能の程

図表2-13　SNマトリックスでのニーズ想定（湯沸かしポット）

階層構造（nn・・を記載）				主機能の程度	主機能（主語S＋動詞V＋目的語O）		副作用（主機能を強化すると発生する期待しない働き）
				現状	主語（S）は	Oに（を）Vする	
1				床に置いて満まで20秒で	ユーザーは	ポットに水を入れる	水がスイッチ部や電源に侵入する
	11			140度の開放角いっぱいに	ユーザーは	フタを開ける	力を入れすぎでヒンジを壊すことがある
	12			シンクに置いて水栓を開き	ユーザーは	水を入れる	水がこぼれて電源周りを濡らすことがある
	13			カチッと音がするまで	ユーザーは	フタを閉める	勢いよく閉めてストッパーを壊すことがある

顧客Aニーズ				顧客Bニーズ			
評価	背景、感情	要求レベル	要求技術内容	評価	背景、感情	要求レベル	要求技術内容
◎	何回も濯いで清潔に使いたい	フタを持って濯ぎ易く	ヒンジの強度、フタの形状	◎	早く短時間で沸かしたい	水の量で沸騰時間わかるように	水温、水量、沸騰時間
◎	水を入れやすくしたい	開放角180度で					
○	何回濯いでも機能が落ちないようにして	水が縁で止まる様に	本体上部形状	◎	カップ1杯が正確に測れると良いのだが	水量が上からでもよく見えるように	ステンレス槽形状、槽内目盛り
				△	乱暴に扱っても壊れないように	パタンと閉めてもクッションが効くように	ヒンジ、本体、蓋の構造

度」「主機能（S＋V＋O）」「副作用」が続きます。階層構造をとることによりそれぞれUXのアクティビティシナリオ、インタラクションシナリオに相当する行動と操作に分かれます。

ここで、顧客ニーズは「機能＋機能の程度」で表されます。機能は「水を入れる」、およびその下位の「フタを開ける」「水を入れる」「フタを閉める」…なので、**顧客ニーズは、現状の製品の機能に対して程度の違いとして記載します。**前述したように、機能に対するこの要求の違いは基本機能を理想的に高めて欲しいという目的達成の要求と、それに伴って生じる副作用の削減要求となります。

ここで要求に個性を持たせるために、図表2-5で示したような湯沸かしポットでの仮ペルソナとしてAさんとBさんを想定します。

健康志向のAさんは自分の健康や安全が気になるので、できるだけポットの中をきれいにして清潔な水で沸かしたいとなりますし、沸いたら火傷しないように慎重にゆっくりとカップに注ぎたいと思う人です。一方、快適志向のBさんは早く水を沸かしたいのでコップ1杯くらいに水を少なくしてポットに入れ、沸いたら早く一気にカップに注ごうとする人です。

AさんとBさんとでは、製品に対する基本的要求にも差異が出てきます。まず、各行動、操作におけるAさんとBさんの持つ背景や抱く感情を仮ペルソナ表から簡単に記入してみましょう。複数の背景や感情がある場合には箇条書きで記入します。両者の違いは、Aさんが何度も注ぐことの操作性やそれに伴う水はねによるポット機能の低下を気にするのに対して、Bさんは早く沸かしたいので、カップ1杯の適量の水を入れたときにすぐにわかるようにしたいと考えます。2杯目以降も同様に最低限の時間で効率良く沸かしたいので、正確に入れる水量を測りたいし、さらには何分で沸くかを知りたいかもしれません。このような背景のもとに求められる機能の程度を表現します。AB両者の要求は行動や操作の細部にまで影響するので1つずつ記載していきます。

機能の要求程度を記載できたら、次にそれを実現するための手段である「技術内容」をその隣の欄に記載します。例えば図表2-13では、「フタを持って注ぎやすく」の程度を実現するためには「ヒンジの強度、フタの形状」を工夫する必要があるとしています。この内容は簡単に要点がわかるメモ程度でよいです。詳細な技術課題や実現手段の内容については、この後に空間的機能分析で紹介します。空間的機能分析では、湯沸かしポットの構造とニーズを関連付けて詳細に検討していきます。SNマトリックスでは、そのヒントとなるような着眼点が記載できればOKです。

一方、BtoBの顧客の場合ではどうでしょうか。シートヒーターの製造企業が、EV向けの新製品を開発するプロジェクトの例を示します。ガソリン自動車の一般的なユーザーであるAさんと、EVの一般的なユーザーであるBさんのニーズに違いを抽出する例です。

図表2-7で示したAさんとBさんという2人の顧客（仮ペルソナ）を想定します。**図表2-14**にシートヒーター暖房を入れる工程のSNマトリックスを示します。この図も紙面の都合上、2分割して表示しています。この例ではシートに座る第1工程の後、第2工程のシートヒーター暖房を入れた工程を記載しています。AさんとBさんは、共にBtoBの顧客を想定しているので「UXハニカム」の6要素を適用します。

ガソリン自動車のユーザーAさんはエアコンの補助としてヒーターを考えていますので、エアコンと併用しても快適に使えることを望んでいます。したがって

図表2-14　SNマトリックスでのニーズ想定（シートヒーター）

階層構造（nn・・を記載）				主機能の程度 現状	主機能（主語S+動詞V+目的語O）		副作用（主機能を強化すると発生する期待しない働き）
					主語（S）は	Oに（を）Vする	
2				寒いと感じてすぐに	ユーザーは	シートヒーター暖房を入れる	
	21			座って数秒で	ユーザーは	シートヒーターのスイッチをONにする	走行してからはスイッチにアクセスしにくい
	22			動作ランプが点灯することで	ユーザーは	ONを確認する	
	23			シート表面より5mm下で	温度センサーは	シート着座面の温度を検知する	シート表面に近づけるとセンサーが損傷する
	24			フルパワーで全てのヒーターに	コントローラーは	ヒーターに電力を供給する	早く温めようとするとヒーターの電力が増える
	25			5分で30℃くらいまで	座面ヒーターは	顧客の太腿とお尻を温める	早く温めようとするとヒーターの電力が増える

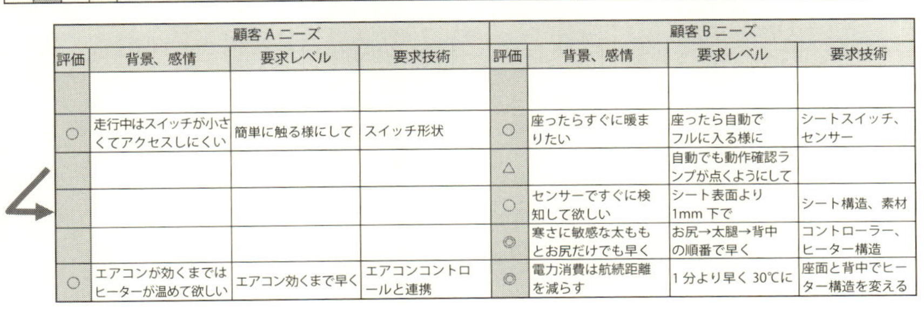

顧客Aニーズ				顧客Bニーズ			
評価	背景、感情	要求レベル	要求技術	評価	背景、感情	要求レベル	要求技術
○	走行中はスイッチが小さくてアクセスしにくい	簡単に触る様にして	スイッチ形状	○	座ったらすぐに暖まりたい	座ったら自動でフルに入る様に	シートスイッチ、センサー
				△		自動でも動作確認ランプが点くようにして	
				○	センサーですぐに検知して欲しい	シート表面より1mm下で	シート構造、素材
				◎	寒さに敏感な太ももとお尻だけでも早く	お尻→太腿→背中の順番で早く	コントローラー、ヒーター構造
○	エアコンが効くまではヒーターが温めて欲しい	エアコン効くまで早く	エアコンコントロールと連携	◎	電力消費は航続距離を減らす	1分より早く30℃に	座面と背中でヒーター構造を変える

6要素からはDesirable（好ましい）を選択しています。一方のEVユーザーのBさんはEVではエンジンの排熱を利用したエアコンの暖房が効かないのでヒーター暖房をメインと考えています。効率的に太腿やお尻を温めたいと願っていますが、省電力は減らして航続距離を伸ばしたいと考えています。したがってBさんではUseful（役に立つ）を選択しています。

また、Aさん、Bさん2人共ヒーターを早く温めたいと望んでいるのでどちらもAccessible（アクセス）しやすいを価値として重視しています。

両者の行動や、操作別の機能の程度を比較すると、Aさんはエアコンとヒーターの制御の連携に関わる部分を重要と考えて、エアコンが効いたら自動的にヒーターの能力を下げる要求を出しています。それに対して、エアコンに暖房を頼れないBさんは、寒さに敏感な太腿とお尻をとにかく早く温めることとそれを省電力で長時間維持することを望んでいます。このようなユーザーのタイプ別に行動、操作の機能達成度（要求レベル）の違いを時間を追って詳細に比べることで、新たなEV向け製品へのニーズに気づくことができるようになります。

ポイント

- **顧客の基本的な要求は、機能を理想的に高めて欲しいという目的達成の要求と、その反動となる副作用をできるだけ小さくしたいという要求。**
- **SNマトリックスは、顧客のニーズを抽出するのに便利。**
- **SNマトリックスでは最初に時間的機能分析を行う。マトリックスは、左端から「機能の階層構造（ツリーの階層）」「機能の程度」「機能（S＋V＋O）」「副作用」と続く。**
- **階層を取ることにより、UXのアクティビティシナリオ、インタラクションシナリオに相当する行動と操作に分かれる。**
- **ユーザーのタイプ別に行動、操作の機能達成度（要求レベル）の違いを時間を追って詳細に比べることで、新たな製品へのニーズに気づくことができるようになる。**

Column

その人の目的・目標を知れば、どんな行動をするのかも予測できる。

「人がどこから来たかのみ知っても、その人がどんな行動をする人なのかわからない。しかし、どこへ向かうのかを知れば、どんな行動をする人なのかも予測することができる」とは、著名な心理学者アルフレッド・アドラーの言葉です[1]。アドラーは人間の行動にはすべて目的があり、それを推測しながら観察すると相手の気持ちが見えてくると言っています。

アドラーは、近い目的を『目的』、人生の窮極目的を『目標』と呼んで、行動の目的は、人生の目標につながっていて、すべての人間行動は、個人が心に抱いた未来の目標に向かう歩みで、それが行動のエネルギーになると言っています。筆者はこの目標というものが、UXのバリューシナリオに相当し、行動を生み出す最上位のユーザーが重要に思う価値（本質的ニーズ）を表しているのではないかと考えています。まさに心理学とUXの考え方の接点です。

人の行動を観察する際、その目的を知っておくことは非常に重要です。目標はその人が重要と考える価値観と一致し、それをもとに行動の具体的な目的が展開されます。機能を知ることは、そこにある物や行為の役割、すなわち目的を知ることになるので重要です。

顧客が製品を操作したり、サービスを受けたりする際の行動にはすべて目的があり、それを本来やりたいこと（本質的な目的、価値）と照らし合わせることで、顧客が具体的な操作で何を望んでいるか把握しやすくなります。

製品やサービスの開発者は、普段から顧客の行動をその目的から考えてみることが大切です。そこから見えてくる顧客の要求を掴む術を知っておくことでより外さない製品開発ができるはずだからです。

参考文献
(1)「アドラー 100 の言葉」和田秀樹監修、宝島社、2016

第3章

顧客ニーズから開発目標を絞り込もう

SNマトリックスでは、時間的機能分析によって顧客の行動や操作ごとにニーズを抽出していきます。実際、製品使用の全工程を分析すると多くのニーズが出てきます（想定ニーズ）。これらは開発者に多くの気づきを与えてくれる反面、一つひとつの想定ニーズを本当にユーザーが望んでいるかを検証する必要が出てきます。これは膨大な作業になり、効率的とは言えません。

そこで数多くの想定ニーズの中から優先度を決める必要があります。本書では商品企画で使用されるQFDを使った優先度の決め方を紹介します。

3.1　ニーズの優先度を付けよう

商品企画で使われるQFD（Quality Function Deployment：品質機能展開）では、最初に顧客に提供する品質をどのように企画するかを検討します（企画品質）。その企画品質を決める際には、複数の品質項目の中からそれぞれ優先度を評価して決定していきます。それと同じように、SNマトリックスによって得られた数多くの想定ニーズを絞り込む際には、このQFDの優先度の決め方を用いて実施するのがもっとも効率の良い方法です（第1章　図表1-13参照）。

この優先度の視点は大きく次の2つがあります。

①現在の自社製品の各機能の達成レベルと顧客要求レベルを比較する。

②他社製品の各機能の達成レベルと顧客要求レベルを比較する。

①のレベルの差が大きく、②で他社が顧客要求に近いレベルを達成しているということは、言い換えれば「現状の製品は顧客要求を満たせず、かつ他社にも負

けている」ということを意味するので、次の製品では目標値を設定して最優先に改善していかなければならない課題となるわけです。

例えば、「湯沸しポット」の最上位のお湯を沸かす機能に関して、機能の達成度で比較してみると**図表3-1**のようになります。現行製品が水を沸かすのに2分かかるとして、顧客の要求レベルは「1分でお湯を沸かして欲しい」となり、他社製品のレベルが「1.5分でお湯を沸かすことができる」とすれば、この湯沸し時間を優先課題とし、次の製品では目標1分を目指すといった分析をします。

図表3-1では記載していませんが、下位の機能についても顧客要求レベルがわかれば、機能ごとに現行製品の達成レベルと他社製品の達成レベルとを比較し優先度を判断することができます。ただし、下位層の機能すべてを対象に、顧客要求レベルを想定し他社の調査を行う必要はありません。代表的機能や注目したい機能についてのみ比較すれば良いのです。

以下、SNマトリックスを使って優先度を決めるプロセスについて詳細に説明します。

(1) まずは自分達の製品の操作性が悪いところを見つけよう

湯沸しポットのコーヒー入れ工程での現状レベルと顧客要求レベルの比較を

図表3-1　SNマトリックスでの優先度決定

(例) ヒーターユニットは水を **2 分**で沸かす (当社の実力)
(例) 水を A 社よりも早く **1 分**で沸かして欲しい (顧客のニーズ)
(例) A 社は高周波加熱で水を 1.5 分で沸かす (他社の技術)
優先技術課題：○○手段で水を 1 分で加熱する (次の目標)

自社技術と顧客要求、他社技術の間にギャップがある場合は優先項目に◎をつける

ギャップ

機能Tree階層	優先項目	機能達成レベル		機能 (S+V+O)	他社技術		顧客要求
		目標	現状		レベル	内容	
	◎	100℃／1分で	100℃／2分で	ヒーターユニットは水を沸かす	100℃／**1.5 分で**	高周波加熱技術特許○○	**A 社より早く1 分で加熱し**て欲しい

SNマトリックスで行った例を**図表3-2**に示します。

現状の機能の程度は顧客であるAさんの要求レベルと比較し、顧客要求の方とのギャップが大きいと判断すれば、そのギャップの大きさに応じて評価欄に◎、○、△などといった印をつけます。例えば「ユーザーが蓋を開ける」機能では現状が開放角140度に対して、Aさんは注ぎをしやすくしたいので180度を望んでいます。これは現状の3割増し近いレベルなので、◎を付けています。ここでは3段階で評価していますが、評価レベルとその判断の仕方については事前に関係者で決めておくと良いでしょう（例えば、現状比で○%増しなど）。

Aさんの要求である開放角180度にするには、**どのような技術を使えばよいかを要求レベルの横の要求技術内容の欄に書いておきましょう。**ここに書かれた内容は、空間的機能系統図を使って、現状の機能を維持しながらどこの部位をどのように変更すればよいかを考えていくためのきっかけになります。詳細には現行の「ヒンジ」や「蓋」、あるいは本体の「形状」や「構造」がなぜ開放角を140度に制限しているのかの原因分析を行い、そこから出てきた根本原因を解決するためのアイデアをTRIZなどにより発想、具現化していくことになります。

図表3-2　コーヒー入れ工程での現状レベルと顧客要求レベルの比較

階層構造（nn・・を記載）				主機能の程度	主機能（主語S+動詞V+目的語O）	
				現状	主語（S）は	Oに（を）Vする
1				床に置いて満まで20秒で	ユーザーは	ポットに水を入れる
	11			140度の開放角いっぱいに	ユーザーは	フタを開ける
	12			シンクに置いて水栓を開き	ユーザーは	水を入れる
	13			カチッと音がするまで	ユーザーは	フタを閉める

比較

比較結果

評価	背景、感情	顧客Aニーズ 要求レベル	要求技術
◎	何回も濯いで清潔に使いたい	フタを持って濯ぎ易く	ヒンジの強度、フタの形状
◎	水を入れやすくしたい	開放角180度で	ヒンジ、フタ、本体上部の構造、形状
○	何回濯いでも機能が落ちないようにして	水が縁で止まる様に	本体上部形状

（2）他社が優れているところを見つけよう

次に他社製品を使ってコーヒーを入れる場合との比較を機能ごとに行います。湯沸しポットのコーヒー入れ工程での現状レベルと他社レベルの比較をSNマトリックスで行った例を**図表3-3**に示します。

他社製品との比較では、このように各工程の機能をベースにして比較すると比較が容易になります。

自社の現状製品の機能の程度と、他社の製品を操作する場合とを比較し、現状製品とのギャップが大きいと判断すれば、そのギャップの大きさに応じて評価欄に◎、○、△などの印をつけます。例えば「ユーザーがフタを開ける」機能では、現状の開放角が140度に対して、他社はヒンジ部でフタを外して完全開放できる構成のため、上手く注ぎたいAさんにとっては使いやすく、現状の140度しか開かない自社製品よりも格段に魅力的だと思われます。

技術を比較する場合についても、機能で記述しておくことにより、自社と他社の技術の違いを正確に比較できるようになります。

図表3-3　コーヒー入れ工程での現状レベルと他社レベルの比較

階層構造（nn・・を記載）				主機能の程度	主機能（主語S+動詞V+目的語O）	
				現状	主語（S）は	Oに（を）Vする
1				床に置いて満まで20秒で	ユーザーは	ポットに水を入れる
	11			140度の開放角いっぱいに	ユーザーは	フタを開ける
	12			シンクに置いて水栓を開き	ユーザーは	水を入れる
	13			カチッと音がするまで	ユーザーは	フタを閉める

比較

比較結果

	他社レベル	
評価	レベル	技術内容（特許等）
◎	フタをヒンジで外して	ヒンジ部でフタと本体が分離する構造
◎	フタを外して完全開放で	ヒンジ特許□□□
○	水が縁で止まる様に	ケースとステンレス槽間に5mmの縁

開発段階に他社の技術調査を行うことは珍しいことではありません。開発品の機能を検討する折に、空間的、時間的の両側面から機能を検討してみることによって、他社と自社の技術的な比較を系統的に整理することができます。またこうして整理しておくことによって、その技術に関する特許を調査する場合も特許に記載されている特徴ある技術がどの機能をどんなレベルにする手段かを把握することで、自社と比べて他社が同じ機能についてどのような達成レベルをどのような手段で実現できているかを正確に把握することができるので、効率的な技術比較ができるわけです。

(3) ニーズの優先度と開発の目標は総合的に決めていく

顧客要求、他社レベルとの2つの比較ができたら、開発で盛り込むべき機能(その程度も)の優先度を決めます。顧客要求と現行製品とのギャップが大きく(◎)、他社と自社現状製品とのギャップが大きければ(◎)、両方のANDをとって総合的に優先度は◎になります。

図表3-4に湯沸しポットのコーヒー入れ工程の評価事例を示します。ポットを清潔にしたいAさんは、ステンレス槽を何回もゆすぐことで清潔にしたいので、蓋を開ける機能に関して開放角180度で水を入れやすくしたい要求(◎)となります。この要求に対し競合他社は蓋を着脱できるヒンジを使っているため水を入

図表3-4　コーヒー入れ工程での優先度評価

顧客Aニーズ			
評価	背景、感情	要求レベル	要求技術
◎	何回も濯いで清潔に使いたい	フタを持って濯ぎやすく	ヒンジの強度、蓋の形状
◎	水を入れやすくしたい	開放角180度で	ヒンジ、蓋、本体上部の構造、形状
○	何回濯いでも機能が落ちないようにして	水が縁で止まる様に	本体上部形状

他社レベル		
評価	レベル	技術内容(特許等)
◎	フタをヒンジで外して	ヒンジ部で蓋と本体が分離する構造
◎	フタを外して完全開放で	ヒンジ特許□□□
○	水が縁で止まるように	ケースとステンレス槽間に5mmの縁

階層構造(nn・・を記載)				総合判定	主機能の程度		主機能(主語S+動詞V+目的語O)		副作用(主機能を強化すると発生する期待しない働き)
					目標	現状	主語(S)は	Oに(を)Vする	
1				◎	ヒンジを持ちやすい形状にして開放角180度で	床に置いて満まで20秒で	ユーザーは	ポットに水を入れる	水がスイッチ部や電源に侵入する
	11			◎	開放角180度で	140度の開放角いっぱいに	ユーザーは	フタを開ける	力を入れすぎでヒンジを壊すことがある
	12			○	水が縁で止まるように	シンクに置いて水栓を開き	ユーザーは	水を入れる	水がこぼれて電源周りを濡らすことがある
	13					カチッと音がするまで	ユーザーは	フタを閉める	勢い良く閉めてストッパーを壊すことがある

れやすく（◎）、結果総合評価も◎と優先度大となります。

この例では、顧客評価はAさんのみで行っていますが、仮ペルソナで設定した、早く沸かしたいBさんも対象にした製品を企画するのであれば、Bさんの評価結果を加味して総合評価を決めます。◎、○、△の評価指標がどのような内訳になったら、総合評価をどうするかについては、関係者であらかじめ決めておくと良いでしょう。

次にこうして決まった◎の付いたニーズの中で、さらに優先順位の高いものを選んでいきます。そして最も優先順位の高かったものから順に目標値を設定します。目標値は通常、顧客ニーズの要求レベルと他社レベルを上回るレベルに設定します。このレベルは機能の達成程度を示すことができればよく、仕様の数値や、他社より大きい、○○より大きいなどの比較表現でも構いません。

ポイント

- 複数の想定ニーズから優先順位をつけて取り組むべきニーズを絞る。
- SNマトリックスによって、行動、操作の機能ごとに顧客の要求レベル、自社の現行製品のレベル、あるいは他社製品のレベルを相互に比較する。
- 顧客要求と自社現行製品とのギャップが大きく（◎）、さらに他社製品と自社現行製品とのギャップが大きければ（◎）、両方のANDをとって総合的に優先度は◎になる。
- ◎の付いたニーズのなかでもさらに優先順位を決める。そしてもっとも優先順位の高いものから具体的に目標値を設定していく。
- 要求される機能の達成レベルを実現するにはどのような技術が必要になるかを挙げておく。のちに空間的機能系統図を使って具体的に検討する際のヒントになる。

3.2　優先ニーズの最終検証をしよう

前節の優先度評価に従って具体的な目標値を与えられた顧客ニーズが本当に妥当か否かの最終的な検証には、いくつかの方法があります。1つは、実際に収集されたVOC（顧客の声）情報の中に該当するものがないか調べる方法、2つ目は、想定ニーズに的を絞ってヒアリングする方法、さらにはアンケート調査によるコンジョイント分析や、モックアップのようなサンプルを顧客に使ってもらって要求を調べるユーザビリティ評価を使う方法もあります。

（1）VOC情報調査

BtoCの企業では、営業やサービスを通じて顧客カードやクレームカードなどからの情報や、調査会社を通じて得られた情報を多く持っていると思います。これら顧客の企業が収集したVOC（Voice of Customer）は、通常、数百～数万件と膨大なものとなることが多いので、あらかじめこれらの情報を「製品の機能」「操作の機能」などというインデックスで分類しておくと、開発者の想定ニーズと比較して検証が効率的にできます。具体的にはSNマトリックスで◎のついた該当機能に対する想定ニーズがVOCとしても挙がっているかを確認するわけです。

（2）ヒアリング調査

時間的SNマトリックスでは、顧客の行動や操作をフローとして記述して、そこからさまざまな想定ニーズを導き出します。ヒアリング調査とは、これら顧客の振る舞いやニーズをあらかじめシナリオとして把握しておいたうえで、「この部分の操作をするときに、〇〇のような不便を感じたことはありますか？」というような質問を投げかけ、顧客の反応を確認していく方法です。ヒアリングを実施するにしても何の目的もなく、ただ漫然と声を聞いてくるだけでは効率的とは言えません。SNマトリックスから顧客がわかるシナリオを作って、被験者に操作を想像してもらいながら回答してもらうと良いでしょう。このヒアリングは、比較的顧客の声を集めにくいBtoBの商品を扱う企業では特に有効です。

（3）アンケート調査によるコンジョイント分析

アンケート調査では、今回の想定ニーズの真偽が明らかにされるように意図して調査項目に反映すると良いでしょう。

アンケートで直接想定ニーズを確かめるような設問をおいても良いのですが、ニーズの内容によっては、質問に誘導されて応えるような形では、想定ニーズが本当にあるのか掴みにくい場合があります。そのような場合には複数の想定ニーズ組み合わせて反映した複数の商品を設定した仮想カタログを作り、単純にどの製品が好きかを質問して、その結果から好き嫌いの判定にどの想定ニーズの要素が効果的だったかを判断できるコンジョイント分析[(1)]という方法もあります（**図表3-5**参照）。ニーズの中でも潜在ニーズを分析するのに適した方法です。複数のニーズを組み合わせた商品の好き嫌いの結果から、好きという感覚にどのニーズが影響したかを個々のニーズを要因とした要因効果として表すこと把握します。

（4）ユーザビリティ評価

ユーザビリティとは、一般的にはソフトウェアや製品の使いやすさを表す言葉です。ISO9241-11による定義では、ユーザビリティは「ある製品が、指定された利用者によって、指定された利用の状況下で、指定された目標を達成するために用いられる際の有効さ、効率、満足度の度合い」とされ、後段の言葉はそれぞれ以下のように定義されています。

①有効さ（effectiveness）

ユーザーが指定された目標を達成するうえでの正確さと完全さ

②効率（efficiency）

ユーザーが目標を達成する際に正確さと完全さに費やした資源

③満足度（satisfaction）

不快さのないこと、及び製品使用に対しての肯定的態度

ユーザビリティ・テストとは、設定した仮ペルソナに近い実ユーザーに製品やシステムを使ってもらい、その様子を観察する方法です。このテストでは、ペーパープロトタイピングと言って、紙で作ったプロトタイプを用いて、ユーザビリ

ティ・テストを行うことで、ユーザーが製品にどのようにアクセスするかを検証することができます。紙で作っているので、問題が見つかればすぐに修正することができます。

ユーザビリティ・テストではすべての機能を評価することはできないので、SNマトリックスを使って評価したい機能やニーズを絞り込み、ユーザーの行動（アクティビティシナリオ）と製品への操作（インタラクションシナリオ）に相当する工程（時間的機能）を定義します。また、観察する際のシートはあらかじめ問題になりそうなポイントや、明らかにしたいことなどを記述しておくと良いでしょう。

ポイント

- VOC（顧客の声）は、あらかじめ「製品機能」「操作工程の機能」などのカテゴリーに分類しておくと想定ニーズとの検証がしやすくなる。
- ヒアリング調査では、SNマトリックスを用いて実際それを使う顧客に自分の操作を想像してもらいながら回答してもらうと良い。
- コンジョイント分析を使うと複数のニーズを組み合わせて反映した複数の商品を設定した仮想カタログを作り、単純にどの製品が好きかを質問して、その結果から好き嫌いの判定にどのニーズの要素が効果的だったかを判断できる。
- ユーザビリティ・テストとは、設定した仮ペルソナに近い実ユーザーに製品やシステムを使ってもらい、その様子を観察する方法である。
- ユーザビリティ・テストでは、主要機能やどうしても評価したい機能を時間的機能系統図で絞り込み評価する。

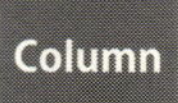

顧客の深層心理を探るコンジョイント分析

コンジョイント分析は、商品のコンセプト開発に使われる分析法の一つです。顧客が商品を選ぶときに潜在意識下でどのような点を重視するのかを分析できます。分析は**図表3-5**にも概要を示したように以下の手順で行います。

①過去の調査から調査対象の「要素（パラメーター）」と「選択肢（水準）」を決める。

②直交表を使って、18種類が掲載された仮想カタログのパラメーターの組み合わせを決定する。

③仮想カタログと調査票を使って、顧客にカタログの評価をしてもらう。

④直交表の要因効果図を作成して、高評価の要素と寄与率を求める。

⑤最適な条件を要因効果より求めて推定評価値を出す。

コンジョイント分析は、顧客の深層心理の嗜好を調査するのに適しています。さらに確度を上げるために調査対象者全体の属性重要度を把握した後、グループ（クラスター）分けをして、さらに細かい好みの類似グループごとの属性重要度を見ていくような手法をとることもあります。

図表3-5　コンジョイント分析の概要

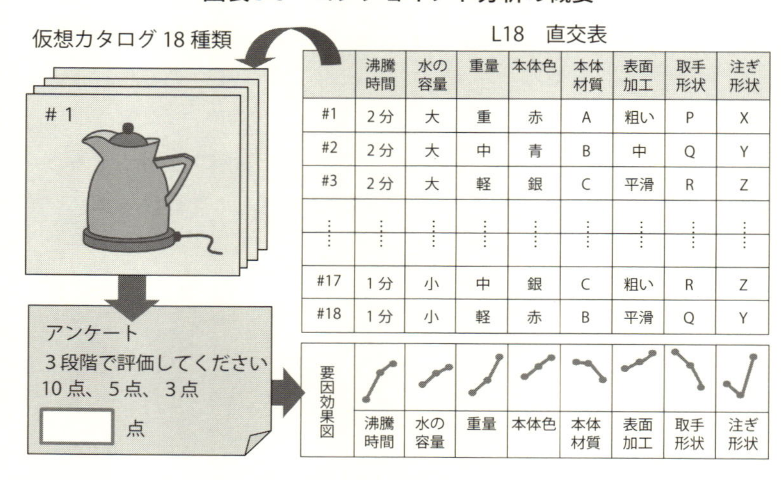

	沸騰時間	水の容量	重量	本体色	本体材質	表面加工	取手形状	注ぎ形状
#1	2分	大	重	赤	A	粗い	P	X
#2	2分	大	中	青	B	中	Q	Y
#3	2分	大	軽	銀	C	平滑	R	Z
⋮	⋮	⋮	⋮	⋮	⋮	⋮	⋮	⋮
#17	1分	小	中	銀	C	粗い	R	Z
#18	1分	小	軽	赤	B	平滑	Q	Y

3.3　操作ニーズを製品ニーズに置き換えよう

想定ニーズの優先度が決まり、それを実現する操作に関するニーズも把握できれば、次にそれを製品でどのように実現するか空間的機能系統図を使って検討します。空間的機能系統図に記載したユニットや部品の機能の程度を確認したうえで、SNマトリックスの技術内容の欄（2.5節参照）に書かれた情報も参考にして、どのユニットや部品をどの程度の機能にするかを検討します。この作業は機能系統図を作成した後に、**空間的SNマトリックス**を使って整理していきます。

（1）空間的機能系統図の作成

空間的機能系統図は、部品構成表の情報をもとに作成します。部品構成表のユニットや部品名を主語（S）にしてその部位の主たる機能を目的語（O）と働き（V）で表し、その働きの程度を加えることで、機能系統図を作ります。

例えば湯沸かしポットでは、部品構成表**図表3-6**を元に**図表3-7**のような機能系統図を作ります。空間的機能系統図の作成にあたっては、時間的機能系統図で

図表3-6　湯沸かしポットの部品構成表

システム名	n	第1階層（サブシステム）	nn	第2階層（サブシステム）	nnn	第3階層（部品、材料）	nnnn	第4階層（部品材料）
湯沸かしポット	1	フタ						
			11	ツマミ				
			12	フタ・プレート				
			13	ヒンジ				
	2	本体						
			21	本体ケース				
			22	ステンレス槽				
			23	目盛窓				
			24	蒸気パイプ				
			25	取っ手				
			26	注ぎ口				

図表3-7　湯沸かしポットの空間的機能系統図

階層番号（nn・・を記載）				主機能の程度 Vの副詞（仕様、状態）	主機能（主語S+動詞V+目的語O）		副作用（主機能を強化すると発生する期待しない働き）
					主語（S）は	Oに（を）Vする	
1				スムーズに	フタは	本体を開閉、密閉する	密閉しようとすると開ける時に力が必要
	11			手で摘まむ様に	ツマミは	フタ・プレートを持ち上げる	
	12			蒸気圧○○に耐えられるように	フタ・プレートは	本体のステンレス槽を密封する	
	13			160度の開閉動作ができるように	ヒンジは	本体ケースと蓋を接続する	精度を上げると動きが渋くなる
2				安定に	本体は	沸騰したお湯を蓄え、保温する	
	21			○○℃/hの断熱性能で	本体ケースは	ステンレス槽の熱を保温する	断熱性能を上げるとケースの厚みが増える
	22			2リットルまで	ステンレス槽は	水（湯）を蓄える	
	23			0.1リットルの精度で	目盛窓は	お湯の残量をユーザーに知らせる	
	24			1秒以内に	蒸気パイプは	沸騰蒸気を沸騰検知バイメタルに伝える	
	25			安定に	取っ手は	本体ケースを保持する	
	26			安定に	注ぎ口は	沸騰したお湯を注ぐ	

ニーズの分析範囲を決めた段階で、事前に対象範囲を空間的特性要因図で絞って作成しておくとよいでしょう。

時間的機能系統図の作成時と同様、空間的機能系統図の作成時についても、**機能を理想的に強化することにより出てくる副作用や心配点を副作用欄に箇条書きしておきます。**

例えば、湯沸かしポットの事例では図表3-7に示したように「本体ケースは○○℃/hの断熱性能でステンレス槽の熱を保温する」の副作用は「理想的に保温性を高めるとケースの厚みが増す」となります。副作用がありそうな機能だけが対象ですが、**複数の副作用や心配点があったら、都度箇条書きで記入してください。**

（2）行動・操作の要求を空間的構成への要求に反映する

湯沸かしポットの時間的SNマトリックス分析の結果、優先度の高いニーズの1つに「ユーザーは開放角180度でフタけたい」がありました（図表3-2）。この要求を実現するには製品の空間的構成のどこをどのように変えればよいかを**空間的SNマトリックス**を使って検討していきます。

図表3-7の空間的機能系統図をもとに**図表3-8**に示すような空間的SNマトリックスを作成します。本来、沸かしポットの主機能は「お湯を沸かす」です。

図表3-8　沸かしポット　空間的SNマトリックス

階層構造（nn・・を記載）		優先項目	主機能の程度：目標	主機能の程度：現状	主機能（主語S＋動詞V＋目的語O）：主語（S）は	主機能：Oに（を）Vする	副作用（主機能を強化すると発生する期待しない働き）	他社レベル：評価	他社レベル：レベル	他社レベル：技術内容（特許等）	顧客Aニーズ：評価	顧客Aニーズ：要求レベル	顧客Aニーズ：要求技術内容
1				スムーズに	フタは	本体を開閉、密閉する	密閉しようとすると開ける時に力が必要						
	11	△	取っ手と干渉しないように	手で摘まむ様に	ツマミは	フタ・プレートを持ち上げる							
	12	◎	取っ手と干渉しないように	蒸気圧○○に耐えられるように	フタ・プレートは	本体のステンレス槽を密封する		◎	フタが取っ手部分で凹んでいる	特許○○	◎	取っ手と干渉しないように	フタの形状。材質
	13	◎	180度の開閉動作ができるように	160度の開閉動作ができ	ヒンジは	本体ケースとフタを接続する	精度を上げると動きが渋くなる	◎	170度	○○ヒンジ採用	◎	180度まで開いて	ヒンジ形状、フタ形状
2				安定に	本体は	沸騰したお湯を蓄え、保温する							
	21	○	ヒンジ取付部でヒンジの回転を邪魔しないように	○○℃/hの断熱性能で	本体ケースは	ステンレス槽の熱を保温する	断熱性能を上げるとケースの厚みが増える				○	ヒンジ取付部でヒンジの回転を邪魔しないように	本体ケースヒンジ取付部構造、形状、材質
	22			2リットルまで	ステンレス槽は	水（湯）を蓄える							
	23			0.1リットルの精度で	目盛窓は	お湯の残量をユーザーに知らせる							
	24			1秒以内に	蒸気パイプは	沸騰蒸気を沸騰検知バイメタルに伝える							
	25	◎	取っ手と干渉せず、握りやすい形状で	安定に	取っ手は	本体ケースを保持する		◎	取っ手と干渉せず、握りやすい形状	○○成形	◎	フタを開いたときにフタと干渉しないように	取っ手形状、握りやすさ
	26			安定に	注ぎ口は	沸騰したお湯を注ぐ							

そのために「フタは本体を開閉密閉する」「本体は沸騰したお湯を蓄え、保温する」といった役割があります。そのような基本機能は押さえつつ、「開放角180度でフタ空けたい」といった要求を満たすのには関連するどの部位をどの程度にするかを顧客Aニーズの欄に記載していきます。

開放角180度にするためには複数の空間的構成の変更点が考えられます。例えばヒンジへの要求は機能程度として「180度まで開いて」となり、本来機能と合わせた表現は「本体ケースと蓋を180度まで開いて接続する」という表現になります。また、フタ・プレート、本体ケース、取っ手については、それぞれ「機能＋機能の程度」で顧客要求を表現すると「フタ・プレートは、取っ手と干渉しないように本体のステンレス槽を密封する」「本体ケースは、ヒンジ取付部でヒンジの回転を邪魔しないようにステンレス槽の熱を保温する」「取っ手は、フタを開いたときに蓋と干渉しないように本体ケースを保持する」となります。下線部が顧客Aニーズ欄に記載されます。

このように時間的な機能分析でのニーズ（顧客の操作への要求）は、製品を構成する部位への要求に変換されます。

機能系統図の良いところは、ツリー構造で部品構成のすべてを意識しながら、開放角に関係する部位はないかを一つずつ確認できる点です。こうすることで、漏れのない要求分析ができます。また本節では、図表2-5の顧客Aさんの操作要求について記載しましたが、時間的な機能分析で検討した図表2-5の顧客Bさんについても同様に空間への要求転換ができます。

（3）競合他社について調べる

時間的SNマトリックスでは、操作上で他社が優れている点を他社レベルの欄に記載しましたが、空間的SNマトリックスでは部品やユニットの構造上優れている点があれば比較して記載します。例えばヒンジについて他社が170度開放角の〇〇ヒンジを採用していることがわかればその技術内容、レベル欄（機能の程度）に170度と記載し、技術内容欄には〇〇ヒンジ採用と記載します。

技術欄には関連する特許もあれば、特許番号やその具体的な技術内容を記載してください。

(4) 顧客要求、他社レベルの比較から総合的に優先度、目標を決める

顧客要求、他社レベルの比較から2つの比較ができたら、時間的SNマトリックスと同じように、現状の製品は顧客要求を満たせず、かつ競合他社にも負けているという観点で優先度を決めます。

顧客要求と現状製品とのギャップが大きく(◎)、競合他社と自社現状製品とのギャップが大きければ(◎)、両方のANDをとって総合的に優先度は◎になります。

図表3-8の湯沸かしポットの例では、顧客ニーズや他社レベルの評価欄に◎、○、△などの指標で評価を実施していきます。そして◎と優先度大となった項目については目標レベルを設定してください。**空間的SNマトリックスで定めた目標値を達成することが技術課題になります。**

例えば、湯沸かしポットではフタの180度の開放角を確保するために優先順位の高い課題を挙げると**図表3-9**のようになります。

ここで注意したいのは、主機能の程度に記載されている現状のレベルは「水を沸かす」主機能に関連するレベルを表し、目標レベルは「フタの開放角180度を達成するための目標値ですので単純な比較を行うのではなく、現状の主機能の達成レベルを維持したまま、目標のレベルを達成することを意味しています。

今回のケースでは、仮ペルソナの行動時間分析の結果、出てきた想定ニーズを時間的SNマトリックスで求めます。次に優先度を決めて想定ニーズを検証し、確からしいニーズを空間的SNマトリックスを使って製品の構造上の顧客ニーズに変換しました。

図表3-9　優先課題

優先項目	主機能の程度		主機能(主語S+動詞V+目的語O)	
	目標	現状	主語(S)は	Oに(を)Vする
◎	取っ手と干渉しないように	蒸気圧○○に耐えられるよう	フタ・プレートは	本体のステンレス槽を密封する
◎	180度の開閉動作ができるように	160度の開閉動作ができる	ヒンジは	本体ケースとフタを接続する
○	ヒンジ取付部でヒンジの回転を邪魔しないように	○○℃/hの断熱性能で	本体ケースは	ステンレス槽の熱を保温する

また、記載した目標を達成するうえで、機能上の気になる点や副作用があれば、メモ書き程度で良いので、副作用欄に何でも書いておくと良いでしょう。

例えば、新たにフタの開放角を180度にしたいというニーズがあった場合に、その副作用が新たに出てきたら記載しておきましょう。

ポイント

- 空間的機能系統図は、部品構成表から、「ユニット・部品名（S)」「主たる機能（O)」「働き（V)」および、その働きの程度を加えてまとめる。
- 空間的機能系統図のターゲットになる機能は、事前に空間的特性要因図で絞っておく。
- 空間的機能系統図には、機能強化に伴う副作用や心配点があれば書き込んでおく。
- 空間SNマトリックスには、他社製品に部品やユニットの構造上、優れている点があれば比較して記載しておく。
- 空間的SNマトリックスには、顧客要求レベル、自社の現状製品、あるいは他社製品レベルとのギャップを◎○△で評価し優先度を記入しておく。

参考文献

(1)「商品企画7つ道具」神田範明編著、日科技連、1995

Column 顧客に対するヒアリングには SNマトリックスを活用しよう

BtoB型の企業の担当者からよく聞かれるのは「顧客ニーズを集めにくい」というぼやきです。「ニーズとは、すなわち要求仕様」の"常識"が強く根付いているせいかもしれません。そうした常識にとらわれず、積極的に顧客の声（VOC）を拾いに行く企業もあります。そうした企業では、営業部員と開発部員が揃って訪問し、次期製品に関する要望をヒアリングしに行くケースが多いようです。

ただヒアリングの仕方には大いに課題があるようです。

結論から言えば、顧客の口をついて出てくる言葉をランダムにメモするのではなく、顧客の立場を想像してストーリーを作ったうえでヒアリングをすべきです。顧客は、必ずしもあなたの会社の製品について熟知しているわけではありません。そんなときにまずは顧客が何をしたいか「機能」でストーリーを作っておくと、どんなシステムを必要としているのか繋がりやすくなります。

まずは時間的または空間的SNマトリックスを作成し、営業、開発の両者で顧客が製品を使うストーリーを共有しておきます。それをもとに階層の浅い大きな機能を対象にしてヒアリング・シートを作成します。顧客へのヒアリングでは、時として「○○の機能についてはおたくの製品よりA社の方が□□の点で良いよ」という情報も得られることがありますので、自社製品だけでなく他社の製品についての顧客の感想も「機能」の視点で整理できます。

このようなヒアリングができるようになると、顧客の要求が的確にわかり、開発と営業のミス・コミュニケーションが減ります。「機能」で記述することは、社内外の各部門が持つ「方言」をなくすことにも繋がりますので、情報が円滑に回り始めます。それによって、営業→企画→開発→製造が共通言語で理解しあえる効率的な環境が作れるでしょう。

第4章

目標が決まったら、解決策を発想しよう

UXによって顧客ニーズを抽出し、優先すべき機能とその程度が決まったら、それが本当に実現可能か検討します。UXによりシーンごとのニーズの違いやユーザー間の異なる価値観から出てくるニーズの違いも出てきます。これらのニーズの違いにより技術的な矛盾も多く発生します。これらの矛盾をブレイクスルーして解決すべく、さまざまなアイデアを出し検討する必要があります。

当然、問題解決の方法はさまざまありますが、本章では、世界的発想ツールのTRIZを使った方法をご紹介します。

4.1 目標実現のための課題に取り組もう

製品には、それを使うシーンや、同じシーンでも使用する人の価値観の違いによって異なる要求がなされます（**図表4-1**）。それらを1つの製品で実現しようとすれば、当然、多くの技術的な矛盾を生じます。また、個々のニーズは「機能＋機能の達成程度」で表されますが、それらは現行品が有する機能の達成程度を上まわるか、もしくは現行品にそもそも存在しない機能となります。

これらの矛盾を解決し、高い要求をクリアするには、実現できない根本原因を明らかにすることによって大きく改善するか、現行品とはまったく別の手段で要求を実現する方法を検討することになります。このような問題を効率的に解決するのにTRIZは最も優れた解決方法です。

図表4-1　製品への矛盾する要求

《シーンの要求の違いによる矛盾》

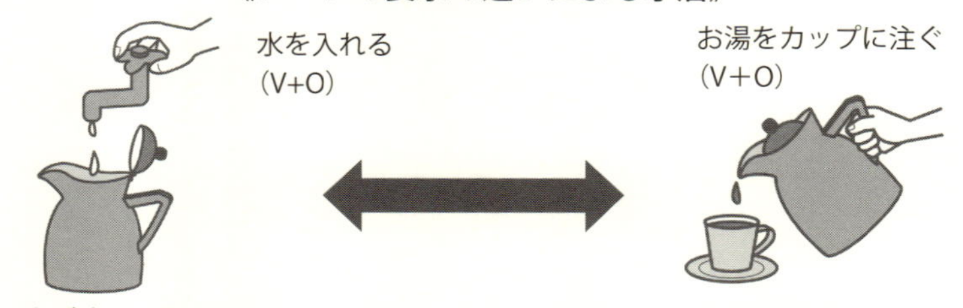

《ユーザーの要求の違いによる矛盾》

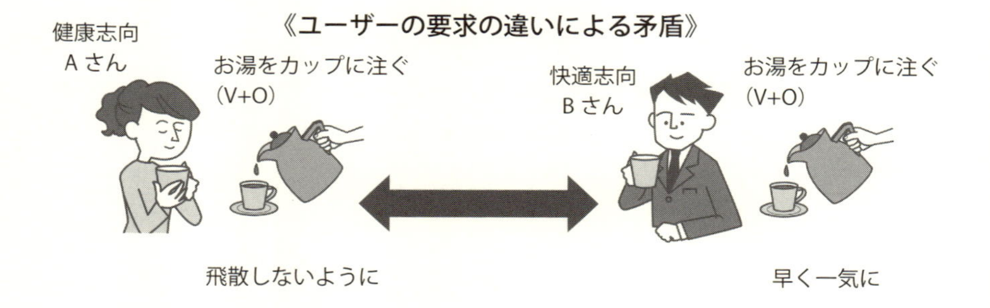

(1) TRIZによる技術的問題の解決

TRIZは、旧ソ連海軍の特許審査官であったゲンリッヒ・アルトシュラー(Genrikh Altshuller：1926〜1998)が編み出した技術問題の解決法です。アルトシュラーは、数多くの特許技術を審査しているうちにそれらの技術に共通するいくつかの典型的な問題解決の法則を見い出しこれをまとめました。当初件数で約40万件、のちに20数年間費やして250万件ともいわれる膨大な特許をもとに、体系的で構造化された思考方法の理論です。(1)

TRIZという言葉はロシア語(英語の表記)で、

Teoriya：テオーリア(Theory)

Resniea：リシェーニア(Solving)

Izobretatelskikh：イザブレタチェルスキフ(Inventive)

Zadatch：サダーチ(Problem)

の略で、英語ではTheory of Inventive Problem Solving(発明的問題解決理論)

と表記されます。

TRIZによる発想が従来のブレイン・ストーミングと異なるのは、参加者の経験と知識から行う発想ではなく、アイデアを得る手がかりを過去の膨大な特許、すなわち知恵の集約に求めていることです。多数の優れた特許には、問題解決に一定のパターンがあり、これを「発明原理」と言いますが、この発明原理に従った発想で問題を解決します。

例えば**図表4-2**に示すような自動車のタイヤは濡れた路面を走るときの最適設計の問題について考えます。開発者はタイヤを路面で滑らないようにするためにはタイヤの溝を深くしたいと考えます。しかし、溝を深くするとタイヤの路面ノイズも増大します。このような矛盾問題をTRIZではできるだけシンプルに定義します。例えば「グリップ性」を改善すると悪化するのは「静粛性」といった具合です。この定義に基づき、膨大な特許から導かれた「発明原理」を使うと、例えば「熱膨張原理」を使いなさいと指示されます。そこで開発者は、タイヤのゴム材料を調合して、温度で溝の深さが変化するような構造のアイデアを出します。雨や雪の天候と、晴天時とで溝の深さを変化させることで、タイヤのグリップ性と静粛性の矛盾問題を解決するようなアイデアです。

図表4-2　TRIZを自動車のタイヤの問題解決に使う例

TRIZ（発明的問題解決理論）

問題を単純な矛盾関係に一般化し、250万件以上の特許を
基にした発明原理を使って解決策を効率的に発想する手法

《自動車のタイヤの滑り問題》

・タイヤの溝を深くするとグリップ性は上がるが、騒音が増加
・この矛盾を定義すると、発明原理が示され、解決策を発想

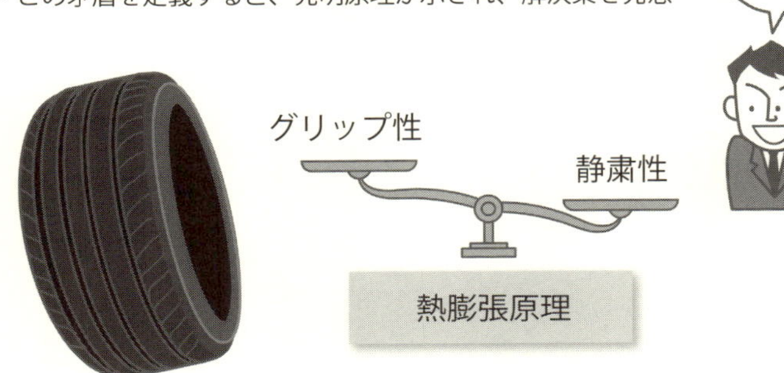

TRIZでは複雑な問題を整理してシンプルな形に一般化し定義することで発明原理を活用しやすくし、発明原理をヒントに自分たちの問題の解決策のアイデアを短時間で多く出すことができます。この一般化の際に重要になるのが、第1章で紹介したS＋V＋Oによる「機能」の表現です（次節参照）。

（2）TRIZの発想方法

TRIZで発想する方法には、図表4-2のタイヤの例も含めて、**図表4-3**に示す4つの代表的な方法があります。

①矛盾を明確にして発想：改善した特性と悪化する特性を定義してした矛盾を解決する（**工学矛盾**）。

②技術の進化を予測して発想：世の中の技術の進化にはいくつかのパターンがあって、その進化パターンから未来の改善策を発想する方法（**進化パターン**）。

①時間と空間、条件、上下システムなど視点を変えて発想：改善したい特性と悪化する特性が同じ場合の物理的矛盾を空間や時間、条件などの視点を変えて発想する方法（**物理矛盾**）。

②他分野の知識をきっかけにひらめく発想：自分達とは異なる他分野の知識を活

図表4-3　TRIZの代表的な発想方法

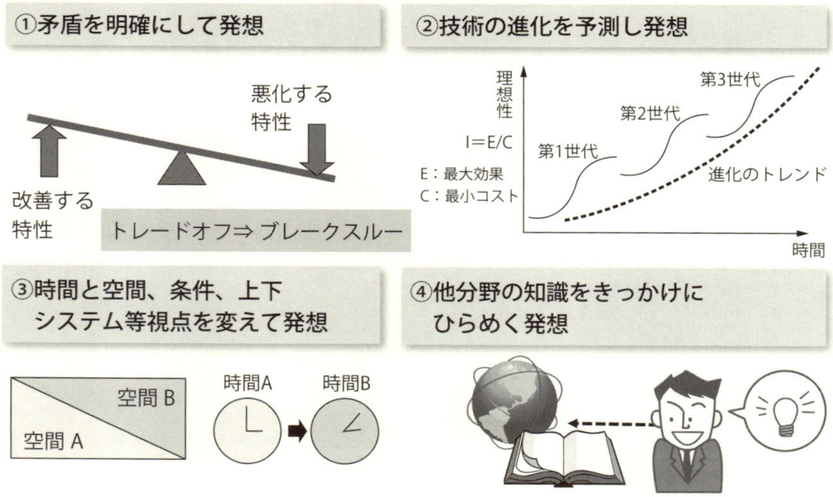

①矛盾を明確にして発想
悪化する
特性
改善する
特性
トレードオフ⇒ブレークスルー

②技術の進化を予測し発想
理想性
I＝E/C
E：最大効果
C：最小コスト
第1世代
第2世代
第3世代
進化のトレンド
時間

③時間と空間、条件、上下
システム等視点を変えて発想
空間 B
空間 A
時間A
時間B

④他分野の知識をきっかけに
ひらめく発想

図表4-4　TRIZの発想・プロセス

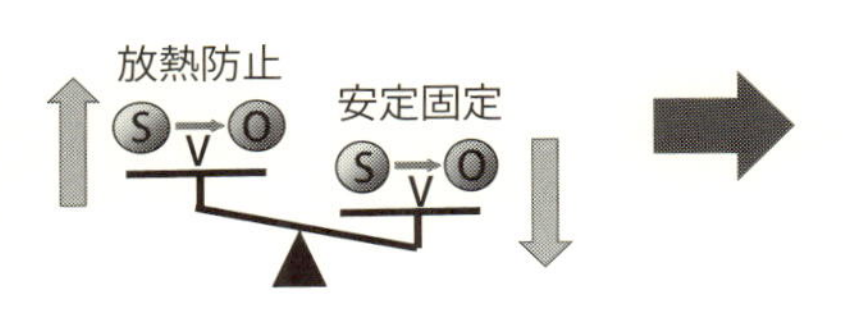

①問題を分析、TRIZ 用にシンプル化

目的別のアプローチ方法を使って
TRIZ 用に問題をシンプルに定義

②TRIZ の発明原理を見ながら発想

Goldfire* 等の TRIZ 専用ソフトウェアの
画面で、発想のヒントを見ながら、
ブレーンストーミング

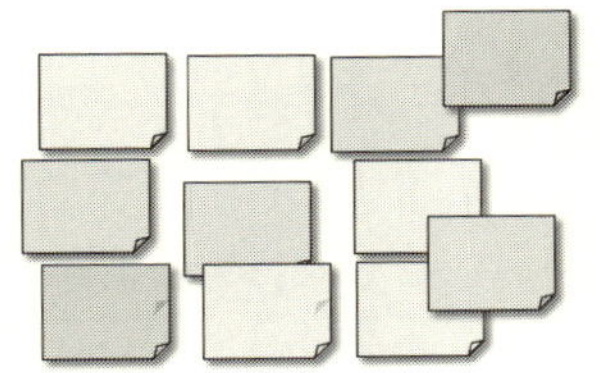

③多くのアイデアを評価して結合

ポストイットに書いた多くの
アイデアを評価して結合

用して発想する方法（**科学効果**）。

このように1つの問題に対して4つの異なるアプローチ方法で種出しができるため、短時間で多くのアイデアを発想することができます。

TRIZの発想プロセスは**図表4-4**で示すように、まずは問題分析（原因分析や願望分析）を行った後に、問題定義表を作成し、PCで使うTRIZソフト「Goldfire」* などを使い、発明原理の絵をモニターやスクリーンの画面で見ながらブレイン・ストーミングを行います。出てきたアイデアはポストイットに簡単な絵や文章を書いて、グルーピングして個別にQCD評価をして結合し、いくつかのコンセプト案に仕上げます。

（3）撲滅型発想法と願望型発想法

TRIZの活用の仕方には、その目的によって2つのアプローチ方法があります。

＊　Goldfire：IHS 社の傘下の Invention Machine Corporation が提供するイノベーション支援ソフト。技術情報の優れた検索エンジンと TRIZ に関連したツールを合わせたソフトウェア。

図表4-5　撲滅型発想法と願望型発想法の違い

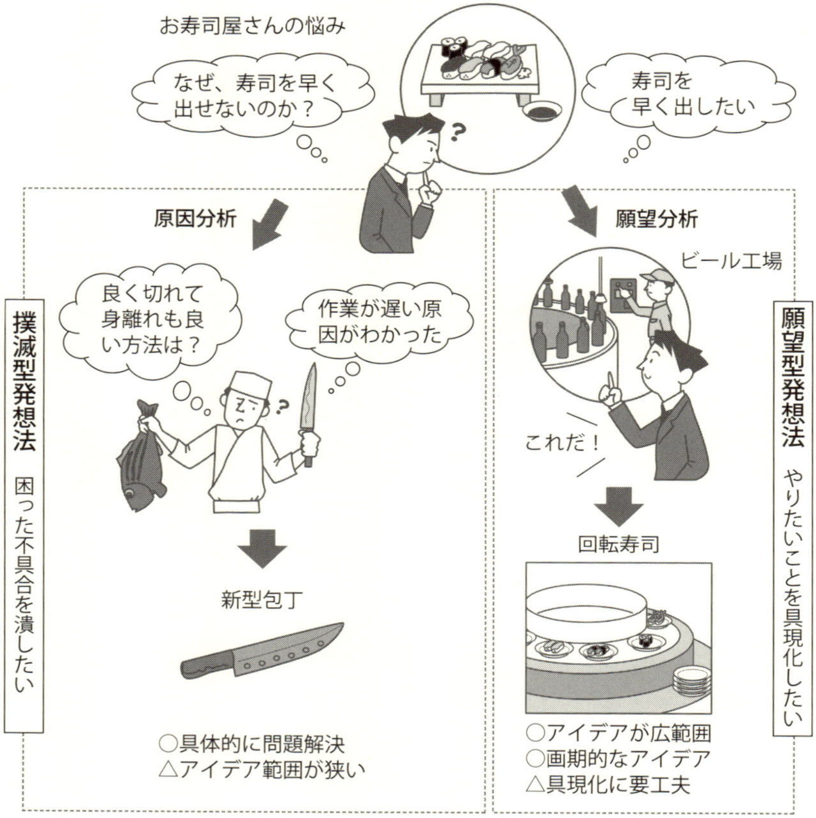

お寿司屋さんの悩み
なぜ、寿司を早く出せないのか？
寿司を早く出したい
原因分析
願望分析
撲滅型発想法　困った不具合を潰したい
良く切れて身離れも良い方法は？
作業が遅い原因がわかった
新型包丁
○具体的に問題解決
△アイデア範囲が狭い
ビール工場
これだ！
回転寿司
願望型発想法　やりたいことを具現化したい
○アイデアが広範囲
○画期的なアイデア
△具現化に要工夫

1つは、ニーズ実現の障害になっている技術的な矛盾を分析して発想する「撲滅型発想法」、もう1つは、理想的にどうしたいかを分析して発想する「願望型発想法」[(2)] です。前者は製品の不具合を潰すことを目的とし、後者は製品への願望を具現化することを目的としています。この違いを**図表4-5**で示すお寿司屋さんの例で説明しましょう。

お寿司屋さんの悩みは「寿司を顧客に従来よりも早く顧客に提供したい」です。どんな問題解決方法があるでしょうか？

①不具合を潰したい「撲滅型発想法」

撲滅形発想法は、寿司を従来よりも早く提供するための障害となる不具合を潰すという考え方です。「寿司を顧客にもっと早く提供することができない」ことの原因をシステム（職人さんとその周辺の道具）の中へ中へと求めていきます。いわゆる**「なぜなぜ分析」を実施していきます。**原因分析を詳細部分まで突き詰めると、根本原因が見つかります。例えば根本原因の1つとして刺身を切るときに包丁に刺身が貼り付いて作業性が悪化することがわかったとします。このケースでは、刺身を良く切れるように包丁を研げば研ぐほど、刺身と包丁が張り付きやすくなると言う矛盾問題を抱えています。

この矛盾問題を定義して解決するアイデアをTRIZで発想すると、例えば、「穴の開いた包丁」のようなアイデアが出ます。これは包丁の腹に穴を開けることで、刺身を切るときに刺身と包丁の間に空気が巻き込まれて刺身が包丁に付着しなくなるわけです。実際にこのような穴開き包丁は販売されていますが、TRIZを使ったかどうかは定かではありません。

撲滅型発想法によるアイデア発想は、原因分析でシステムの中へ原因を求めたことにより、アイデアの範囲も根本原因周辺（包丁周辺）になります。上手くいけば、根本原因を見事に取り除き、まさに問題を撲滅させることができるアイデアになります。反面、撲滅型のアイデアの善し悪しは、当然のことながら原因分析が正しくなされているか否かによります。正しく根本原因を導けないと、その解決策となるアイデアも満足できるものにはなりません。

②やりたいことを具現化する「願望型発想法」

下段の例は「寿司を顧客に従来よりも早く提供したい」という願望を具現化するための別の手段を考えるアプローチです。「寿司を提供する」という行為をシステムとして捉え、それを別の手段に置き換えられないかを考えます。この場合は、偶然に板前さんがビール工場の見学に行った際に、ベルトコンベヤのビールを見て「回転寿司」を思いつきました。この板前さんは、「どうやったら、寿司を早く出せるか？」といつも悩んでいたので、ビール工場の風景に触発されて、「気づき」を得たわけです。

おそらく、板前さんが常日頃から「寿司を早く出すのにさまざまな動作（機能）を工夫したい」と悩んでいたからこそ触発されたのでしょう。**願望型発想法によるアイデアは、願望分析で「○○したい」という「機能」を他の手段で置き換えられないかを考えます。したがって、アイデアは理想的に「○○したい」範**

図表4-6　願望型発想法はひらめきに近い

囲であって、撲滅型のように根本原因の周辺のシステムや部品に制限されることはありません。時として、とんでもない画期的な発想が出たりします。

しかし、「回転寿司」を思いついたとしても、その時点でのアイデアの具体性は十分ではありません。そのアイデアで、願望を達成するにはさらに詳細な検討が必要になります。したがってアイデアが問題を確実に潰せるかという点では撲滅型ほど明確ではありませんが、**現状の製品に囚われず、思い込みを打破した発想が可能となります。図表4-6**に示すような、研究者のひらめきに近い発想方法ということで、生まれてきたのが願望型発想法です。

技術者であれば、技術的な課題に直面した際、「○○したい。良い方法はないか？」と悩むことが多いはずです。ひらめきの瞬間はさまざまですが、一見、課題とは関係のない、例えば通勤時の電車の車窓の景色の何かに「気づき」を得て発想することもあるのではないでしょうか。それに近いことをTRIZでやってみようとしたのが願望型発想法です。

以上のように撲滅型発想法と願望型発想法では、狙いどころもその結果も大きく異なります。

ポイント

- TRIZでは、アイデアの手がかりを技術者個人の経験と勘ではなく、過去の膨大な特許情報から導き出された知恵の集約に求めている。
- TRIZでは複雑な問題をシンプルに一般化して考える。それにより過去の知恵（発明原理）を活用しやすくし、アイデアを短時間で多く出すことができる。
- TRIZの使い方には撲滅型発想法と願望型発想法の2つがある。
- 撲滅型発想法はニーズ実現のための障害を潰すことを目的とし、願望型発想法はニーズを具現化するために別の手段を考える。

Column TRIZの矛盾マトリックス

図表4–3の「①矛盾を明確にして発想」に使うのが**矛盾マトリックス**（**図表4–7**）と40の発明原理です。図表4–7では紙面の都合上、表の一部を表示していますが、実際は改善特性39項目、悪化特性39項目からなる39行39列のマトリックスです。

図に示すように、自分たちの問題を39の特性に置き換えます。例えば「軽量化すると面積が増えてしまう」という矛盾問題については、改善特性を「静止物体の重量」、悪化特性を「静止物体の面積」と定義するとマトリックスの交差点にある番号が、解決方法となる発明原理の番号になります。この場合、発明原理35番（パラメーター変更原理）、30番（薄膜利用原理）、13番（逆発想原理）、2番（分離原理）を使って発想するよう示唆されます。発明原理の優先順位は左上から右下に向かって35→30→13→2となります。ここで改善特性と悪化特性が同じものを物理的矛盾と言って、その交差部分は対角線となり、表は塗りつぶされて「物理的矛盾」と記載されています。この場合は、空間時間、上下階層、条件などで視点を変えた発想をします。発明原理は全部で40個あります（**図表4–8**参照）。

図表4-7　TRIZの矛盾マトリックス

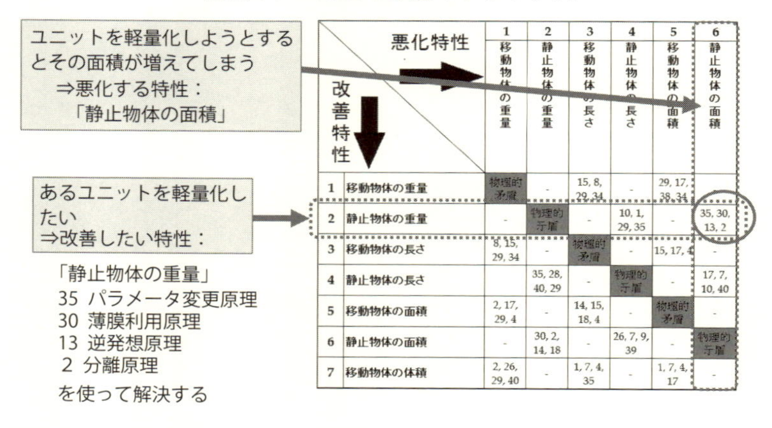

改善特性 ＼ 悪化特性		1 移動物体の重量	2 静止物体の重量	3 移動物体の長さ	4 静止物体の長さ	5 移動物体の面積	6 静止物体の面積
1	移動物体の重量	物理的矛盾	-	15, 8, 29, 34	-	29, 17, 38, 34	-
2	静止物体の重量	-	物理的矛盾	-	10, 1, 29, 35	-	35, 30, 13, 2
3	移動物体の長さ	8, 15, 29, 34	-	物理的矛盾	-	15, 17, 4	-
4	静止物体の長さ		35, 28, 40, 29	-	物理的矛盾	-	17, 7, 10, 40
5	移動物体の面積	2, 17, 29, 4	-	14, 15, 18, 4	-	物理的矛盾	-
6	静止物体の面積	-	30, 2, 14, 18	-	26, 7, 9, 39	-	物理的矛盾
7	移動物体の体積	2, 26, 29, 40	-	1, 7, 4, 35	-	1, 7, 4, 17	-

図表4-8　40の発明原理イメージ（1）No.1 ～ 10

No.	発明原理	No.	発明原理	No.	発明原理
1	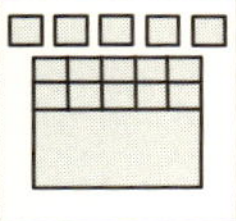 ・分割せよ ・分解せよ	5	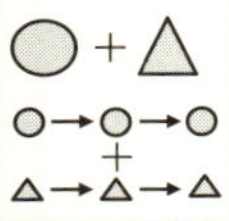 ・組合せよ ・並行に作業せよ	9	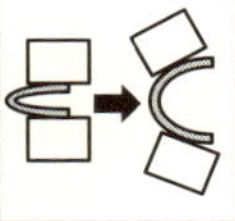 反作用を先につけよ
2	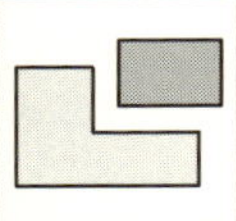 ・有害物を分離せよ ・有用物を選択せよ	6	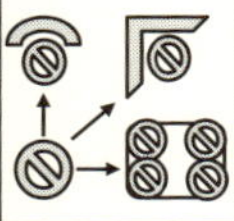 ・他に応用せよ ・汎用化せよ	10	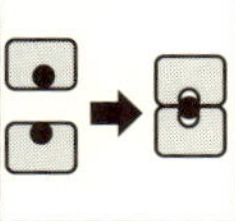 先に準備しておけ
3	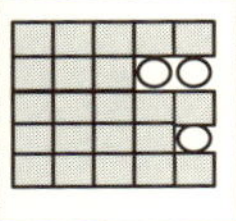 ・一部を変更せよ ・不均質にせよ	7	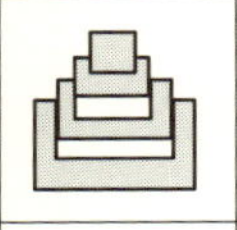 入れ子構造にせよ		
4	 ・非対称にせよ ・アンバランスにせよ	8	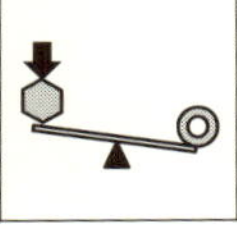 他の物や環境でバランスさせせよ		

図表4-8　40の発明原理イメージ（2）No.11 ～ 20

No.	発明原理	No.	発明原理	No.	発明原理
11	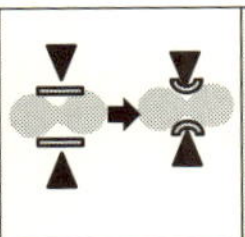 事前に保護して信頼性を上げよ	15	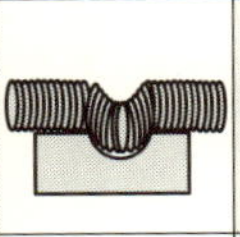 環境に適応させせよ	19	 周期的運動に変えよ
12	 同じ高さで動かせ	16	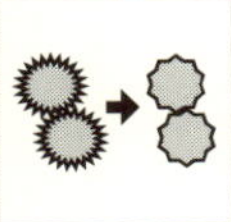 完璧でなく適度に調整せよ	20	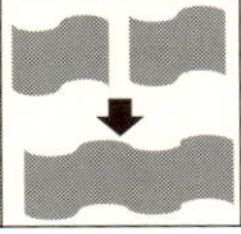 休みなく連続させせよ
13	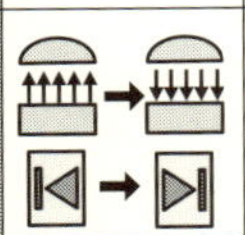 動作、環境や手順を逆にせよ	17	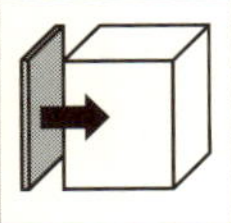 2次元から3次元に変えてみよ		
14	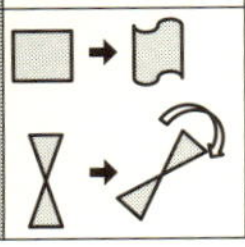 ・直線を曲線、球面にせよ ・回転せよ	18	 振動させろ、共振を使え		

図表4-8　40の発明原理イメージ（3）No.21 ～ 30

No.	内容	No.	内容	No.	内容
21	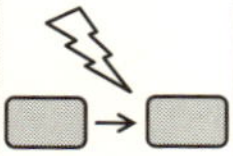 有害な物から高速で抜けろ	25	 ・セルフサービスせよ ・廃棄を活かせ	29	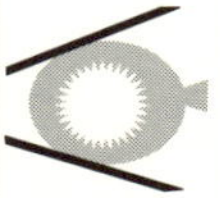 液体と気体の圧力を活用せよ
22	 ・災い転じて福となせ ・有害どうし相殺せよ	26	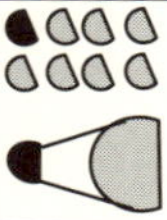 コピーを活用せよ	30	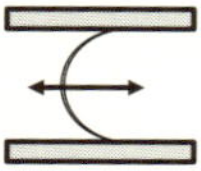 薄い膜で動かせ、分けよ
23	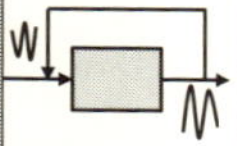 フィードバックせよ	27	 安価な短寿命品を活用せよ		
24	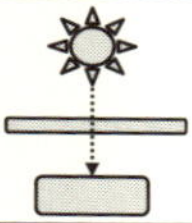 中間に物やプロセスを挟め	28	 知覚や電磁界で動かせ		

図表4-8　40の発明原理イメージ（4）No.31 ～ 40

No.	内容	No.	内容	No.	内容
31	 多孔質材を活用せよ	35	 気体・個体・液体に変えよ、柔軟にせよ	39	 反応しないガスや材料を使え
32	 色や環境を変えよ	36	 相変化の吸熱、体積変化を使え	40	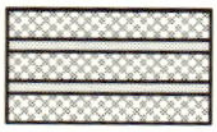 複合材料を活用せよ
33	 同質の物で相互作用させよ	37	 材料の熱膨張を使え		
34	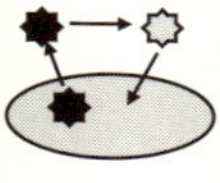 不用な物を廃棄するか再利用せよ	38	 濃い酸素やオゾンで入れ替えよ		

4.2　ニーズからの課題を深掘りしてみよう

TRIZによる問題解決のフローを**図表4-9**に示します。

TRIZが重要なのは、アイデアの発想法としてだけではありません。注目すべきは複雑な問題を一般化してシンプルに定義し直すという前半プロセスです。なお、本書では一般化の問題分析プロセスからアイデア発想、評価、結合までの一部始終をTRIZプロセスと呼んでいます。

SNマトリックスを使うことにより、想定ニーズは図表3-9のように優先すべき技術課題に絞り込まれています。例えば、湯沸かしポットでは「ヒンジは180度の開閉操作ができるように本体ケースとフタを接続したい」という課題です。この課題はすでに機能の表現（S＋V＋O）で記載されています。

撲滅型発想法によって、この課題を解決するためのアイデアを出す場合には、「なぜ、現在のヒンジでは180度の開閉操作ができるように本体ケースとフタを接続できないのか？」という原因分析から始めます。

一方、願望型発想法では課題を広範囲に捉え、「フタ・ユニットが180度の開

図表4-9　TRIZによる問題解決のフロー

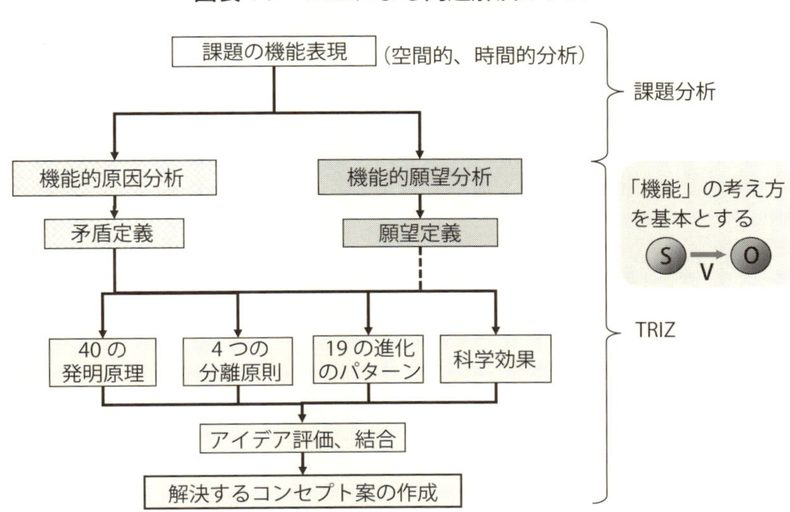

閉操作ができるように本体ケースとフタを接続したい」と、願望として捉えます。この願望表現（wants）から願望分析が始まります。前者の機能ベースで行うことを機能的原因分析、後者を機能的願望分析と言います。

撲滅型発想法と願望型発想法では、課題を分析して定義するプロセスが大きく異なります。しかし、発明原理などを使って発想するプロセスと、出てきたアイデアを評価し結合するプロセスは両アプローチで共通です。撲滅型、願望型の両アプローチでどの発想法を使っても構いません。アイデアを多く出したいときは、いろいろな発想法を試してみることをお薦めします。

TRIZは優れた発想法なので、多くのアイデアを創出することができますが、アイデアが目的に合ったものでないと効果的とは言えません。本書では、原因分析や願望分析を網羅的かつ論理的に実施するために、機能ツリーを使いながら課題を定義していきます。**TRIZでは、このような課題分析や課題定義をしっかり行得るか否かがアイデアの質を左右するとして、極めて重要なプロセスと位置づけています。**

撲滅型発想法や願望型発想法は、その目的や状況に応じて使い分けたり、両方を同時に使うこともできます。しかも、いずれの場合も課題を「機能（S＋V＋O）」として捉えていますので、UXによって顧客ニーズを的確に把握することができてさえいれば、両発想法にスムーズに繋げることができます。

（1）機能的原因分析の進め方

技術者は、開発や製造の現場でたびたび原因分析をする必要に迫られます。原因分析の結果、正しく根本原因を究明できれば、開発の仕事はほぼ完了したと言っても過言ではありません。原因分析は「なぜなぜ分析」とも言われ、「なぜを5回繰り返せ」という言葉もよく聞きます。

とは言え、より深い原因にたどり着くために繰り返すことは重要ですが、それだけでは網羅的な分析はできません。そこで、**図表4-10**に示すように機能に基づいた論理的な原因分析を用います。この機能に基づいた原因分析のツリーを**原因分析のロジック・ツリー**とも言います。このように機能系統図（ツリー）をもとに原因分析を行うやり方を機能的原因分析と言います。

製品システムが機能不全に陥ったとき、不具合の原因はそのシステムを構成す

図表4-10　機能的原因分析

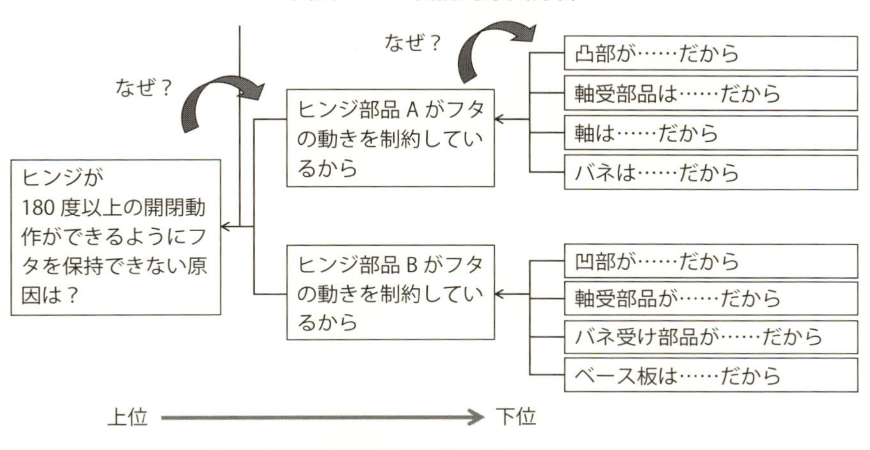

る部位のどこかにあるはずです。したがって、システムの最上位層から下位層に向かって順番に動作しない原因がどの部分の機能不全によるものかを分析していきます。

例えば、湯沸かしポットを例にとると、「ヒンジが180度以上の開閉動作ができるようにフタを保持できない」原因を分析する場合は、ヒンジを構成している「ヒンジ部品A、ヒンジ部品Bによる原因」→「その下にぶら下がっている詳細部位・部品の原因」を機能を意識しながら探っていきます。これを機能表記して「SがOに□□のようにVできないから」と記載していくのが、機能的原因分析です。

機能的原因分析の良いところは、事象を機能でシンプルに表現できることと、ヒンジを構成している部品・部位のツリー構造を意識しながら網羅的に分析できる点です。一般によく利用されているなぜなぜ分析では、因果関係だけを記載していくので、原因の深掘りができたかのように錯覚しますが、漏れのない網羅的な分析にはなっていないことが多くあります。つまり機能的原因分析であれば「ここが原因に違いない」という思い込みを排除しながら網羅的な分析ができるわけです。

ただし、系統的に分析していくと言っても、下位層のどの部分の機能が不全または低下しているかが明確にわからない場合もあります。この場合は「〜かもしれない」と推定の表現となります。**原因分析では「事実」なのか「推定」なのかは非常に重要ですので、推定原因と思われるものには、記述した横に「(推定)」と記しておくほうがよいでしょう。**

(2) 空間的原因分析と時間的原因分析

原因分析には「空間」と「時間」の分析があります。

複雑な構成のシステムや、パーツの空間的配置が原因となりうるような製品の分析には「空間的原因分析」を使います。

一方、製造工程や製品操作、あるいはシーケンス的な動きをしている製品の分析には「時間的原因分析」を使います。対象とするシステム構成と不具合の内容によって空間か時間を使い分けます。、シンプルな構成の過去に行った作業や行為が原因となりそうなプロセスの分析、例えば**図表4-11**に示すように、「湯沸かしポット」の機構に起因する不具合の分析であれば、まず空間的機能分析します。湯沸かしポット使用時の操作に関する不具合や、工場で湯沸かしポットを組み立てる際に発生した不良の原因分析であれば時間的機能分析を行います。

すなわち、「湯沸かしポットに水を入れるときにヒンジの制約で180度以上開けない問題」については、ヒンジの構造に深く関わる空間的原因分析になります。

一方、フタを持ったまま水を入れて、ヒンジが変形した不具合の原因分析であれば、ユーザーが本体を持って移動する操作、フタの一部を持って水を入れる操作を時間的に下流から追いかけて、変形の原因になっている操作を時間的に原因分析するわけです。このように**空間的原因分析では、不具合が発生したシステム全体から構造を細部に下って分析し、時間的原因分析では不具合が発生した時点からの原因分析は時間を遡って下流から上流へ分析します。**

原因分析では、**図表4-12**のようなチェックリストを参考に分析すると良いでしょう。

(3) 根本原因を求める

空間も時間も原因分析を進める手順は同じです。下記のようになります。

①分析の範囲を機能系統図の上位層で決め、対象範囲の階層まで機能系統図を作

図表4-11　空間的原因分析と時間的原因分析

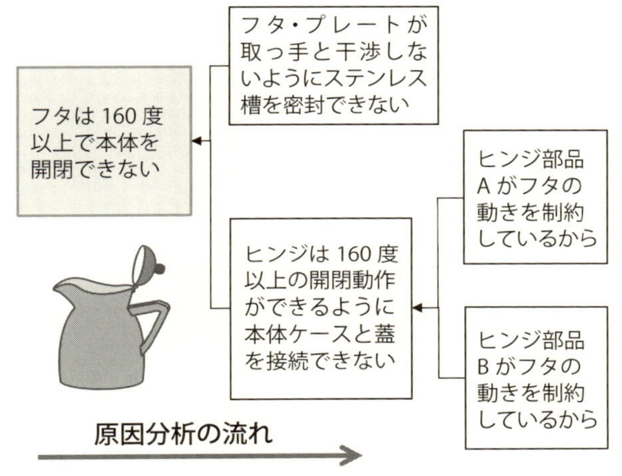

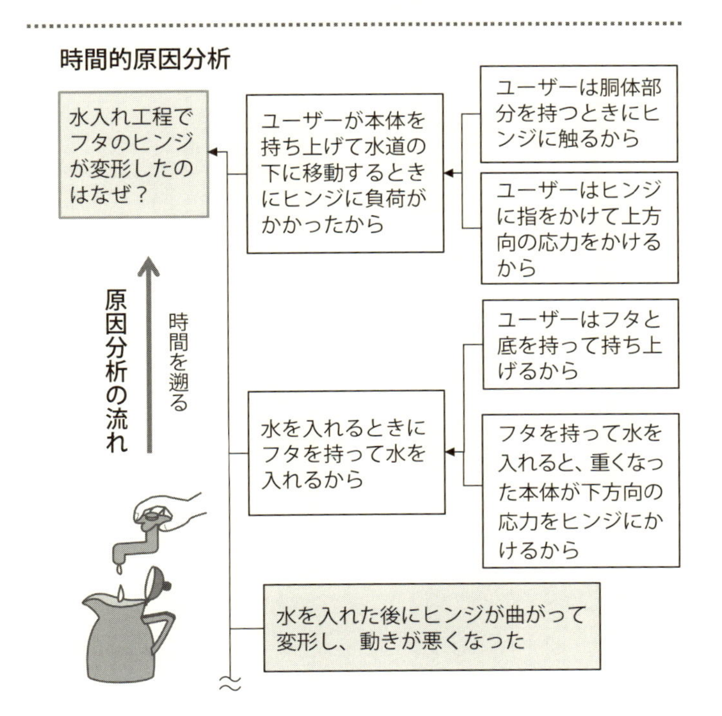

図表4-12　なぜなぜ分析の10のチェックリスト

《なぜなぜ分析10のチェックリスト》

①原因の文章で全員が同じ事象を描けるか？
②原因の文章は1つで、複数の原因を併記していないか？
（1原因1文章とする）
③論理的な辻褄が合っているか？
④「○○が無いから・・」という表現は無いか？
（現在のシステムに無いもの⇒「あればいいな」という願望）
⑤対象システムの外に原因を求めていないか？
（人の要因、法規制やルールを原因にしていないか？）
⑥コスト、価格を理由にしていないか？（例：コストが上がるから）
⑦記載内容が事実、観察された事象に基づいて書かれているか？
⑧原因のAND、ORは明確か？
（原因が全て揃わないと起きないのであればAND）
⑨複数の推定原因はORでぶらさげて、推定として明記しているか？
⑩機能的に細部に下っているか？（順番が逆転していないか？）

成する。
②分析の全体像を原因分析ロジック・ツリーで表す。
③推定原因を検証する。
④推定、仮説の検証を行い、原因分析ロジック・ツリーを完成させる。
⑤不具合事象を論理的に解消できる根本原因を特定する。

この中でもっとも中核になるのが、②の原因分析ロジック・ツリーの作成です。原因分析ロジック・ツリーは、原因分析の「地図」と言っても良いくらい重要なものです。原因の中には、推定原因も含まれます。

原因分析ロジック・ツリーが完成したら、**図表4-13**のように原因分析ツリーを論理的にたどって根本原因を特定していきます。この根本原因とは、その事象を除いたら、最上位の問題事象が論理的に起こらなくなる原因のことです。根本原因は複数あることも多く、根本原因を特定する前に以下を必ず確認する必要があります。

1）逆から読み返しても（原因を遡っても）辻褄（つじつま）が合っているか？
2）並列に掲げたORで繋げた原因がすべて発生しなかったら、その前の原因は発生しないか？（ANDとORの論理の違いに注意。例えば火災の原因は、燃え

図表4-13　原因分析ロジック・ツリーから根本原因を突き止める

根本原因とは、それを取り除いたら上位の問題事象が解決できるもの

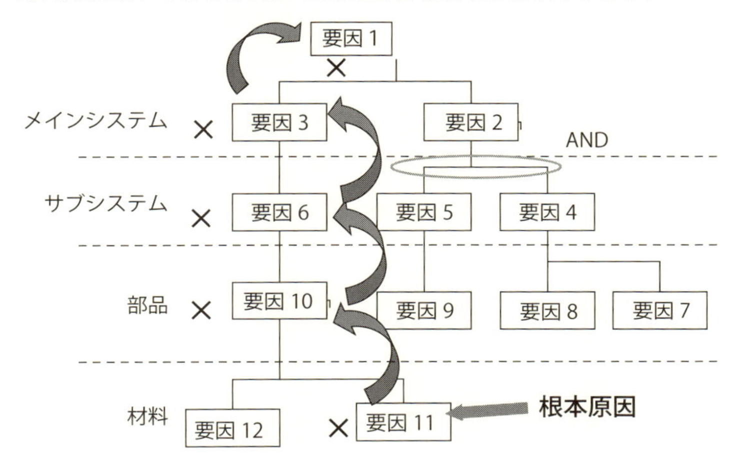

る物、酸素、発火物の3つの原因がどれか1つでも欠けると発生しないのでANDの関係）

3）最後に根本原因が最初の不具合を発生させないかも遡って確認する。

根本原因が取り除かれたら、最初の技術問題が解決され障害が取り除かれるかを検証しましょう。

（4）根本原因から矛盾を問題定義

根本原因が決まったら、それを改善するアイデアを考えるわけですが、改善しようとすると、悪化してしまう背反事象（矛盾）が現れます。TRIZではこの矛盾を明確に定義します。改善したい機能の特性、結果悪化してしまう機能の特性を定義して、先に紹介した矛盾マトリックスを使えるようにします。

例えば湯沸かしポットの操作で「水を入れるときにフタを従来より大きく、開放角180度以上開けるようにしたい」とします。しかし、現在のフタの開放角度は160度までが限界で、その原因を分析したとします。すると、根本原因は「ヒンジの構造」「フタの形状」「本体ケース上部の形状」など複数出てくると思います。ここでヒンジの停止位置を決める部品形状が開放角を制限していて、それを改善しようとすると、ヒンジが弱くなって耐荷重が減少することが分かった場合

は、形状を改善したいが、強度が悪化するというように問題定義をして、TRIZを使って、開放角も強度も両立するようなアイデアを出すよう目指します。

（5）願望分析と願望定義

願望型発想法では、**図表4-14**に示すように原因分析の代わりに願望分析を使います。**願望型発想法では原因分析を行わないので、発想アイデアが根本原因の狭い範囲に限定されません。**現在のユニットや部品の構造にこだわらない発想をすることで、より広範囲な発想が可能です。

例えば、第2階層のフタ・ユニットの開放角を拡げたい場合には、願望型では「フタ・ユニットは180度の開閉操作ができるように本体ケースとフタを接続したい」との願望の機能表現になり、これを機能系統図の比較的上位階層で定義することを願望定義と言います。願望型の発想では、この願望について、現在の手段とは異なる手段や大幅に改善された手段を発想します。

例えば自動車では、ドアを大きく開ける方法としてスライドドアが採用されています。これらの他分野で扉やフタの開閉にどのような方法が使われているかを調べて、それをヒントに湯沸かしポットのフタの開閉方法を発想するのはTRIZの代表的な発想法の一つです（図表4-3の④）。こうした他分野での技術を調査

図表4-14　湯沸かしポットの願望分析の例

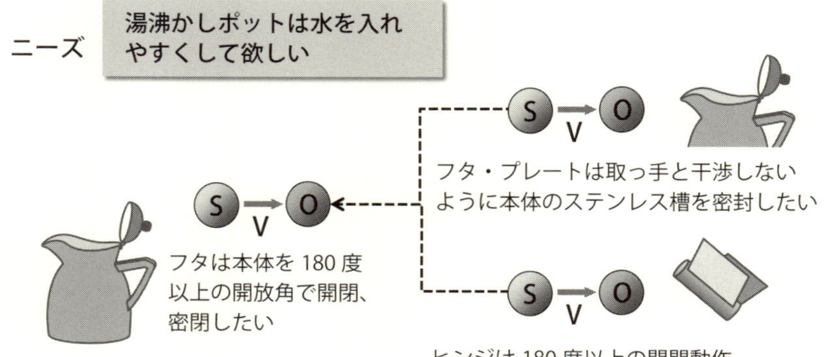

するためにGoldfireのようなTRIZソフトはたいへん有効です。

　願望型発想法では、機能系統図の上位層になるほど、現在のシステムからの変更規模が大きくなります。例えば、**図表4-15**に示すように湯沸かしポットの願望が水を入れるときのニーズから「水流を邪魔しないように水を蓄えたい」であったとすると、機能系統図の第3階層の部品レベルで願望を実現するよりも第2階層のユニットレベルの願望の方が範囲は広くなり、フタ・ユニット全体を変える発想になります。さらに第1階層の湯沸かしポット全体の願望になると湯沸かしポット全体の構造を変える発想になります。そこで出てくるアイデアは、例えばフタが開閉するのではなくて、本体から分離できる方法でも良いですし、水を入れるのにポンプを使っても良いわけです。

　したがって、**設計の自由度がある要素技術開発や大きな変更をして大幅なコストダウンをしたい場合などの発想に願望型発想法は適しています。**

　以上、課題の原因分析または願望分析を行い、矛盾定義、願望定義を行うTRIZのプロセスについて説明してきました。問題定義ができればTRIZの図表4-3の4つの発想法を使って課題解決のためのアイデア出しを行うことができます。なおTRIZの発想方法についてさらに詳しく知りたい読者は、TRIZの専門書を参考にしてください。

図表4-15　上位層ほどアイデアの範囲が広がる願望型発想

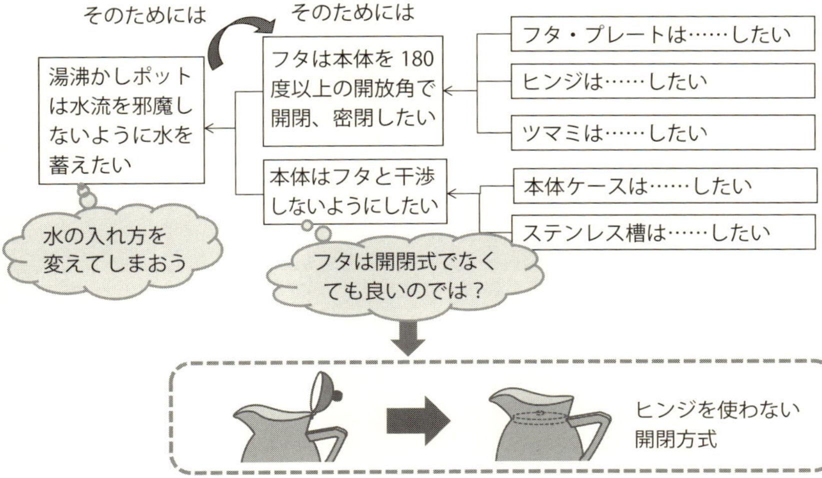

そのためには
そのためには
湯沸かしポットは水流を邪魔しないように水を蓄えたい
フタは本体を180度以上の開放角で開閉、密閉したい
本体はフタと干渉しないようにしたい
フタ・プレートは……したい
ヒンジは……したい
ツマミは……したい
本体ケースは……したい
ステンレス槽は……したい
水の入れ方を変えてしまおう
フタは開閉式でなくても良いのでは？
ヒンジを使わない開閉方式

Column TRIZソフト「Goldfire」で何ができるか

Goldfireとは技術検索機能とTRIZの機能を融合した開発者用ソフトウェアです。ソフトに搭載された機能としては図表4-3で紹介した①～④のすべてが網羅されています。

40の発明原理の説明とその解説図面、および矛盾マトリックスが内蔵されており、改善と悪化のパラメーターを選ぶだけで矛盾マトリックスの交差点にある発明原理の内容を把握し適用事例を知ることができます。また、あらゆる技術がたどる全19の進化パターンが目的別に選択されるようになっており、自分達の製品・システムにマッチする進化パターンを見つけることができます。また、機能ごとに分類された1万2000例以上の他分野技術を検索しその内容を掴むこともできるようになっています。

TRIZによる発想では本書に掲載したような発明原理のイメージを見ながらの発想もできますが、このような優れたソフトを使ってモニタに映し出された画像を見ながら発想することより効果的にアイデアを出すことができます。GoldfireはTRIZ以外にも専用の技術データベースと優れた検索エンジンを組み合わせて、効率的な技術検索も可能ですので、開発のあらゆる場面で活用ができるツールです。

筆者が所属する株式会社アイデアでは、Goldfireを使ったさまざまなTRIZプログラムを用意していますので、興味のある読者はぜひお問い合わせください（巻末、著者紹介欄参照）。

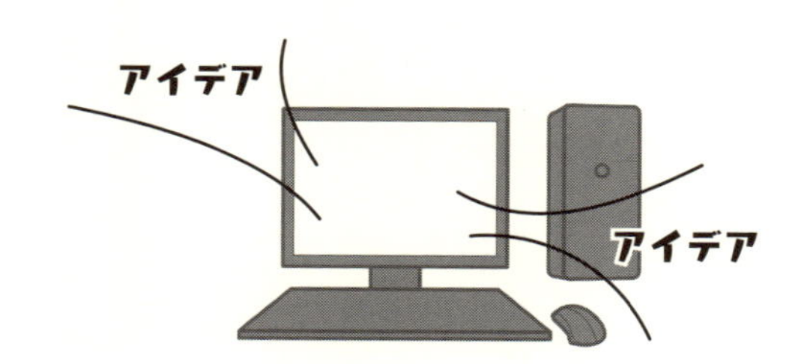

ポイント

- 撲滅型発想法は上手くいかない原因を潰していくアプローチ方法。願望型発想法は、上手くいくにはどのような手段を使えばよいかを見つけていくアプローチ方法。
- 願望型発想法は原因分析をする必要がないため解決手段の範囲が広い。設計自由度の高い要素技術開発や、大きな設計変更を伴う大幅なコストダウンを狙う場合などに適している。
- 撲滅型発想法は原因分析（なぜなぜ分析）が必須。原因分析ロジック・ツリーを作成し、部品・部位のツリー構造を意識しながら根本原因を突き止める。
- TRIZは、技術課題に対するアイデア発想ができるのみならず、そもそも何が問題かを分析し定義することができる。問題分析・問題定義は、出てくるアイデアの質を左右する極めて重要なプロセス。

4.3 TRIZを使ってアイデアを出してみよう

Goldfireなどの TRIZ ソフトを使えるようになると、発明原理や科学効果の適用事例などを検索できるようになるため、これまでよりも広範囲に素早く解決策を見つけ出すことができるようになります。具体的なアイデア出しの作業は、グループ・ワークによって実施していきますが、より多くのアイデアを効率的に出すには以下のポイントに留意しておく必要があります。

（1）グループの構成

グループは、リーダー含めて5名程度のメンバーで構成します。可能であれば、部外者も入れることでアイデアの幅を広げることができます。多くのアイデアを創出するためには、一つのアイデアが生まれたらそこから派生して、できるだけ多くのアイデアを生み出すようメンバー個々が心がけます。機能での課題分析、一般化は小学生でもわかるような表現を用いることで、開発者のみならず、営業やマーケティングの人にも、何が問題なのかがわかるようになります。これによりさらに広範囲の視点でアイデアが出せるようになります。

(2) ファシリテーターの役割

議論の際は、必ずリーダーとは別にグループ・ワークのファシリテーターを立ててブレイン・ストーミングをします。

ファシリテーターの役割は、まず発明原理をわかりやすく説明しながら、メンバーにアイデアを促し、アイデアが出たら「面白アイデアが出ましたね！」「凄いアイデアですね！」などと褒めることで、アイデアに対して否定的な発言が出ないように配慮していきます。現時点では技術的に実現が困難に見えるアイデアであっても、将来的には実現が見込まれたり、他のアイデアと組み合わせることで実現しやすくなるアイデアもあります。とにかく出てきたアイデアはすべて採用する方向で議論を進めていきます。そして出てきたアイデアをきっかけに他の人が連鎖反応で派生アイデア、応用アイデアを出してくれるように促します。ファシリテーターの心得を次にまとめます。

①褒める
②リーダー的な人をうまく活用する
③自分の失敗談を話し、参加者をホッとさせる
④どんな発言でも否定しない、否定させない
⑤時には参加できていない人に話しかける

(3) アイデアを出す

メンバーは出てきたアイデアを付箋紙に書き込んで読み上げながらテーブルの中央に貼り付けていきます（**図表4-16**）。ほかのメンバーは、出されたアイデアに関連して思いついた別のアイデアがあれば、みんなに説明して出します。他人のアイデアを元に創出したアイデアであっても採用します。議論に参加している全員に言えることですが、貼り出されたアイデアに対して質問することは大いに結構ですが、アイデアを否定するような意見を出してはいけません。そのような発言をする人には、ファシリテーターが注意をしましょう。

図表4-16　アイデア出しの様子

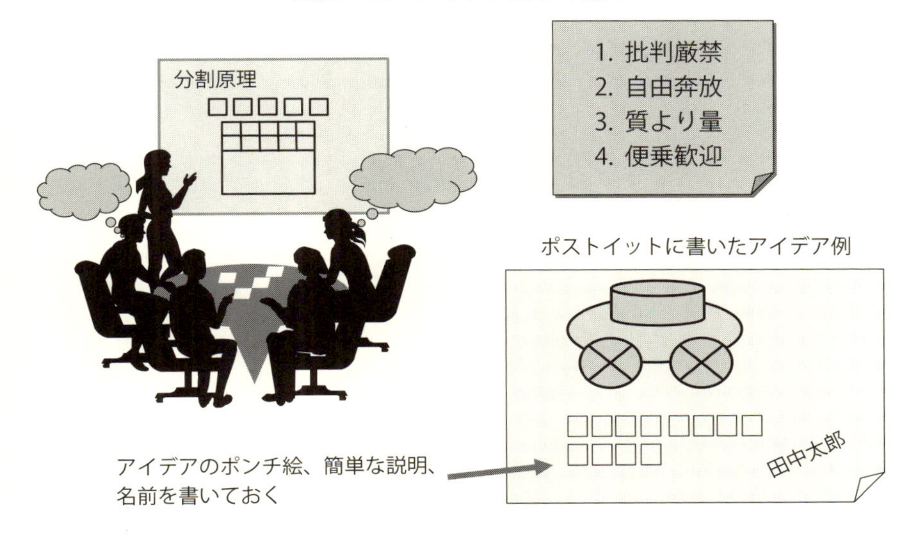

付箋紙にはわかりやすさのために文章以外にも簡単な絵を入れておきます。また発案者の名前も記入しておきます。発案者の名前を入れておけば、後工程で複数のアイデアを合体する際にも説明者を探しやすくなります。さらに特許のテーマとして仕上げる場合の発明者も明確になります。出てきたアイデアは根本原因ごとに集め、どんな課題について創出されたアイデアなのかがわかるようにしておきましょう。

効率的にアイデアを創出するためには、グループワークの実施環境を整える必要があります。通常業務や電話応対などに負われる環境から極力隔離して集中できる環境下で実施してください。また人間が集中力を持続できるのはせいぜい2時間程度が限度ですので、いっぺんに長時間実施するのではなく、2時間程度のグループワークを数日間に渡って実施するようにします。

ポイント

- 多くのアイデアを創出するためには、リーダー含めて少なくとも5名程度のメンバーが必要。
- ファシリテーターはグループワークの議論を見守り、どのようなアイデアでも受け入れられる雰囲気を作るようサポートする。またすべてのメンバーを議論に参加させるべく常に働きかける。
- メンバーから挙げられたアイデアを書き留めておく付箋紙には、当該アイデアの説明のほか、内容がひと目でわかる絵、発案者の名前などを記入。
- グループワークは1回につき2時間程度。足りない場合は数日間にわたって実施する。

4.4 アイデアが出たらコンセプト案にまとめてみよう

TRIZを利用することで、発明原理などのツールを使うことで短時間に数多くのアイデアを創出することができます。課題にもよりますが、2時間×複数回のグループワークを実施すればすぐに100個以上のアイデアを出すことも可能です。これらのアイデアはそれぞれを評価したのちに、互いに合体するなどしていくつかのコンセプト案に仕上げていきます。

（1）アイデアを分類し評価しよう

図表4-17に示すように、付箋紙に記載されたアイデアをユニットごとまたは機能ごとに分類して整理します。ここで重複するようなものは除外します。分類ができたら、ユニットごとにそれぞれのアイデアのQCDを評価します。QCD評価には相対評価、絶対評価の方法があります。

品質Qは、課題を解決できている程度を表しますので、アイデア評価の中では一番重要です。 複数の課題、根本原因を解決するような網羅性、進歩性があるか

図表4-17　アイデア評価の方法

（1）ユニットごと（部位別、機能別など）でグルーピング

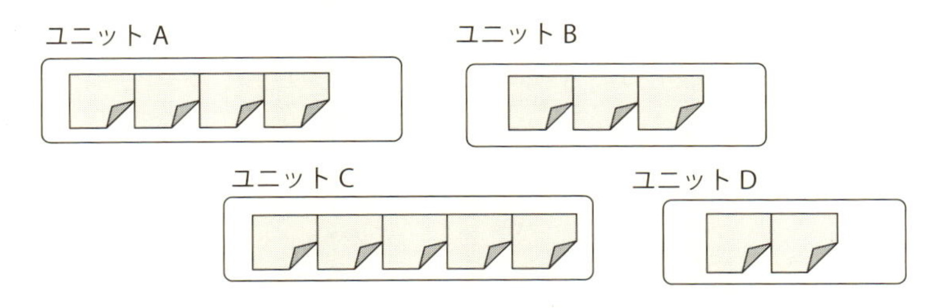

（2）サブ・システムごとに、QCD（品質、コスト、実現時期）を評価

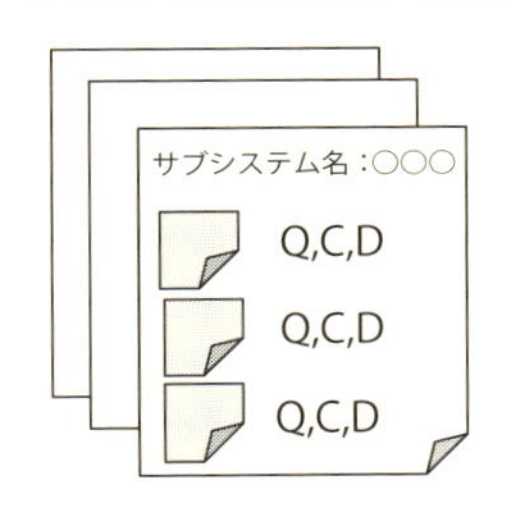

サブシステムごとに課題に対して一番解決できているものをQが高いと評価する。

否かもQの評価点の一つです。また、撲滅型発想法で矛盾問題を定義した場合には、背反する特性が改善できたかをQの中で評価する場合もあります。

Qの評価の完了後、コストC、実現時期Dも評価します。Cの評価については、アイデア創出時の簡単な絵だけでは正確な見積もりはできないので、**現状の製品と比較して構造が簡単になりそうか、材料が安価でできそうかなどの視点で概略のコストCを評価します**。なおQとCは3段階評価位の方が評価しやすくなります。

またDは、例えば要素技術の検討だけで3年以上かかりそうか、あるいは来年にはできそうかなど実現までの時間を検討します。その際、**年数を3段階、例えば1年以内、3年後、5年後などと評価します。**

アイデアの評価は、目的に合わせて最適な評価項目、評価水準を都度決めていきます。

（2）目的に応じてアイデアを組み合わせよう

同じユニット内でQの高いアイデア同士を組み合わせてさらにQを高めたり、C、Dを改善するためにアイデアを組み合わせたりします。さらに次はユニット間でQが高いもの同士を組み合わせていきます。

こうしてアイデア同士を結合し補完していくことでコンセプト案を作り上げていきます。ただし100個のアイデアがあったとしてもそれぞれの相性が悪く結合できないものもあるため、コンセプト案にまとめられるのは1〜3個程度に絞られてくるはずです。

アイデア組み合わせはさまざまな視点で行われます。例えば上のように「アイデアの長所同士を融合させて長所を伸ばす」「一方のアイデアの短所をもう一方のアイデアの長所で補う」「アイデアの融合で新たな効果を産む」といったものがあります。そのほか「部品構成上の空間的な結合」「使う順番を考慮した時間的な結合」「システムのユニットと部品としての結合のように上下関係に割り当てて」といった視点があります。こうした観点から目的に応じて複数のアイデアを結合してみてください。コンセプト案を作るときに、品質Qを最優先で結合しながらも、コストCを考慮した結合案や開発期間Dを考慮した結合案のバリエーションを作っておくと良いでしょう。

次に製品やシステムのコンセプト案について、QCD上の目標を設定します。また、コンセプト案を実現する場合の課題も挙げておきましょう。必要であればその課題を分析して解決するために再度TRIZを使ってアイデアを出すこともできます。

ポイント

- ◆グループワークによって創出したアイデア群は、ユニットごとまたは機能ごとに分類して整理したのち、アイデア一つひとつについてQCD評価を実施する。
- ◆課題解決の度合いを示す品質Qは、QCD評価の中で一番重要。
- ◆コストCは、現状の製品と比較して構造が簡単になりそうか、材料が安価でできそうかなどの視点で評価。
- ◆実現時期Dは、実現までの年数で1年以内、3年後、5年後などと評価。
- ◆まず同じユニットの中でメリットのでるアイデアを組み合わせを検討し、次にユニット間でメリットの出るもの同士を組み合わせていくことでコンセプト案を作成していく。

参考文献

(1) NPO法人日本TRIZ協会「TRIZとは」 http://www.triz-japan.org/about_TRIZ.html

(2)「NPO法人日本TRIZ協会主催　TRIZシンポジウム2013」オリンパス（株）　緒方隆司講演資料 "TRIZの活用を拡大する7つのソリューション" 2013

Column　TRIZの本当の価値は複雑な問題をシンプルにすること

TRIZは発明法として紹介されることが多いので、今までにない画期的なアイデアを期待する人は多いようです。筆者の指導企業のエンジニアも発明原理を使ったアイデア出しにもっとも興味を持っています。中には分析はどうでもいいから早くアイデア出しをやってみたいと急ぐ方もいます。しかし、やってみると、こんなに多くアイデアが出たのに、使えそうなものが少なかったと落胆する人も少なからずいます。

確かにTRIZの発明原理は、我々が知識や経験を使って発想するよりも、あらゆる視点からの発想を導いてくれる点では優れています。**しかしTRIZが本当に素晴らしいのは、複雑な問題を一般化してシンプルな関係に持ち込んでいる点なのです。**これは250万件という膨大な特許から一般化された解決方法の考え方である発明原理と合致させるためには必要なプロセスです。

本章で紹介している機能を使った一般化、それを使った原因分析や願望分析は、筆者が以前オリンパスに在籍していた折、どのようにTRIZを自社のエンジニアに活用してもらうかさまざまに試行錯誤しながら築いてきた方法です。

問題の深掘りもせずに、いいかげんな課題を出発点としても、アイデアこそ数多く出るかも知れませんが使えるものは出てきません。自分たちが一番やりたいことを実現するアイデアが欲しいのであれば、いきなり発想しようとする前に、立ち止まって何が問題の本質かを見極めましょう。中には根本原因が見つかっただけで問題がほぼ解決してしまい、新たに何かを発想しなくても済んでしまうことさえあります。空間的視点、時間的視点を組み合わせた原因分析ロジック・ツリーさえ的確に作れれば、広範囲の問題に対処できるはずです。オリンパスのみならず、多くの企業、多くの事業分野の製品で効果を上げている方法です。

第5章

さらに顧客に感動を与えよう！

UXの考え方を取り入れ、ユーザーの行動や操作を機能で分析して潜在ニーズを抽出し、それを製品開発に取り入れることができるようになりました。しかしそれではまだ十分とは言えないかもしれません。人々のニーズは常に移ろいやすく、顧客に先回りした価値を提供しなければ本当に強い商品にはなりえないからです。本章では、顧客に感動を与える方法や、未来のニーズを予測して製品作りに盛り込む方法を紹介しています。

5.1　機能の程度を感動キーワードにしてみよう

機能系統図やSNマトリックスの解説を通じて、顧客ニーズが「機能＋機能の程度」で表されることを明らかにしてきました。ここで、**もし機能の程度を他社と比べてダントツなものにすることができれば、おそらくその製品は顧客に深い感動を与えるものになるでしょう。**

（1）コンシューマー製品（BtoC製品）に求められる顧客感動

第1章で述べたように顧客の価値観は、コンシューマー製品であれば顧客の欲求や行動の源である10のBeニーズに根ざすはずなので、これを充足する顧客ニーズを抽出していきます。ではBeニーズを常識では考えらえられないようなダントツな程度で満たすにはどうすべきかを考えてみましょう。

図表5-1は湯沸かしポットの1分で「水を沸かしたい」というニーズに対して機能の達成レベルを10のBeニーズに基づいて、ダントツレベルに設定した例で

す。「1分で沸騰」を実現できたときには、従来の「長時間加熱保温」に対して、欲しいときにすぐに沸かせるという点で大きなインパクトを顧客に与えました。しかし、現在では世の中にそのような製品は数多く出回っており決して珍しいものではなくなりました。そこで湯沸かしポットでさらなる感動を顧客に与えるにはどうしたら良いでしょうか？

この「水を沸かす」という湯沸かしポットの機能の程度をダントツにしてみます。例えば、Beニーズも意識すると、以下のようなキーワードが考えられます。

①ダントツの基本機能レベル

②期待を遥かに上回る副作用の削減

③特別な「あなた」のためだけの機能レベル

④抜群の自由度を示す機能レベル

⑤徹底的なシンプル操作を伴う機能レベル

⑥健康的に自分も成長できる機能レベル

1分で水を沸かすポットは大きな電力を使います。通常1kW近い消費電力になるので、顧客の中にはこうしたポットを他の消費電力の大きい家電製品と同時に使用するとヒューズが飛んでしまうことを知っている人も多くいます。

しかし、ここで水を「30秒で沸かし、副作用に相当する消費電力は半分」と

図表5-1　達成レベルに意外性を持たせて、顧客に感動を与える

達成レベルに意外性を持たせる
キーワードの例

①ダントツの基本機能レベル
②期待を遥かに上回る副作用の削減
③特別な「あなた」のためだけの機能レベル
④抜群の自由度を示す機能レベル
⑤徹底的なシンプル操作を伴う機能レベル
⑥健康的に自分も成長できる機能レベル

ユーザーを幸せにする10のBeニーズ[1]
（豊さ、尊敬、自己向上、愛情、健康、
楽しさ、個性、感動、交心、快適）
から考える

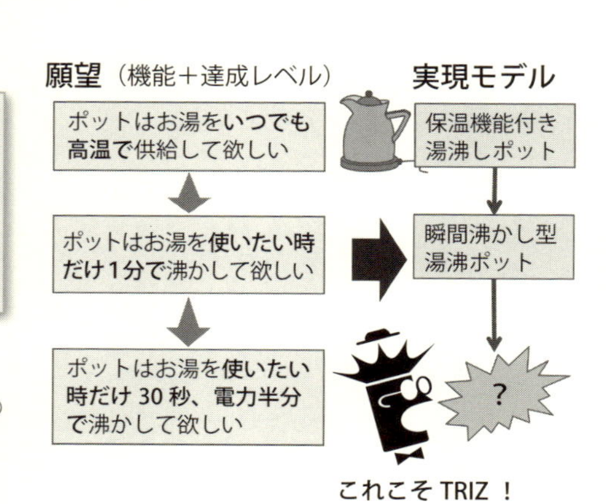

聞いたら誰しも興味を持つのではないでしょうか。水が沸く時間も電力も半減なので大きなインパクトとなります。

図表5-2にBeニーズに沿って考えたキーワード例を示します。顧客の期待を超えるダントツをどのような方針で設定していけばよいかわかると思います。このようにP.28に示した10のBeニーズ[1]を確認しながら仮ペルソナで設定した顧客に感動を与えるキーワードを選んでみましょう。きっと顧客の心を動かす商品企画ができるはずです。

（1）産業用製品（BtoB製品）に求められる顧客感動

BtoB製品でも同様にダントツレベルの機能程度を設定できます。

例えばP.29で紹介したUXハニカムの6要素を従来の倍以上の違いになるようダントツに設定してみましょう。

またダントツのレベルを、効率、信頼性、快適性などに設定しても良いでしょう。例えば、アップル社のiPhoneは「指1本で操作しやすく」というキーワードを使っています。また第2章で紹介した車載用のシートヒーターの例では、EV向けに消費電力を半分にして、温かさ2倍のようなレベル設定も可能です。

このような分析を通じて、顧客に感動を与えるレベルを実現するためには、技

図表5-2　Beニーズと機能キーワード

Be　ニーズ[1]		ダントツ機能の程度の例	
1. 豊かさ	心豊かな人生を送りたい	すごく幸福に	たくさんの余裕があって
2. 尊敬	他者から認められる人生を送りたい	No.1で	他人を豊かにして
3. 自己向上	自分を高める人生を送りたい	優れたスキルで	熟練して
4. 愛情	愛されても生きる人生を送りたい	親や配偶者に愛されて	恋人に愛されて
5. 健康	元気な人生を送りたい	すごく体に良く	10歳は若返る様に
6. 個性	自分らしい人生を送りたい	自分の生き方に合って	あなただけ特別に
7. 楽しさ	楽しく楽な人生を送りたい	感動的に楽しく	あなたを夢中にさせて
8. 感動	心ときめかせる感動の人生を送りたい	基本機能がダントツに	期待を超えて
9. 交心	仲良く心温まる人生を送りたい	多くの仲間と繋がって	いつでも話せるように
10. 快適	快適な人生を送りたい	操作が楽々で	何の心配もいらなく

術的に高いハードルを越えなければならないという壁に突き当たるかもしれません。しかし、そんなことはできるわけがないとあきらめる必要はありません。「30秒で水を沸かして、消費電力半分ですむ湯沸かしポット」も、「温かさ2倍で電力半分の車載用ヒーター」も、的を射た課題分析や問題定義ができればアイデアは多数生まれてきます。そのために前章ではTRIZを使用することをお薦めしました。TRIZは思った以上に不可能を可能にしてくれるツールです。まずは最初からできるはずがないという思い込みを捨てることが大切なのではないでしょうか。

ポイント

- BtoC製品では、10のBeニーズに沿って機能の程度を設定していく。
- 仮ペルソナを設定し、その顧客にとって期待を超えたダントツとはどのようなことかを考える。
- BtoB製品では、UXハニカムの6要素を使って、機能の程度を従来の2倍以上に設定する。
- 技術的ハードルに対しても、課題分析と問題定義が正しくできていればTRIZを用いることで多数のアイデアを生み出すことが可能。大切なことは「できる」と信じること。

5.2 未来のニーズを予測して感動を与えよう

ここまで顧客の行動や具体的な製品操作を分析してニーズを把握し、それを製品開発に活かす方法を紹介してきました。しかし、いくら正しくニーズを把握したつもりでも、3年後、5年後と開発に時間がかかる場合には、その間に製品を取り巻く環境が大きく変わりニーズも変化している可能性があります。こうした場合、開発までの時間経過を折り込んで顧客ニーズを補正する必要が出てきます。

(1) 9画面法でニーズの未来予測をする

TRIZの発想法の一つに、9画面法と呼ばれる未来を予測する手法があります。これは、**図表5-3**に示すように製品の上位・下位のシステム進化から製品の進化を予測する方法です。9画面法では、

3列［時間軸］×3行［階層］＝9［画面数］

を設定します。自分たちの製品が中央の行T1、T2、T3になります。製品の上の行U1、U2、U3は取り巻く環境の変化、例えば「社会インフラ」「法規制の変化」「対象システムが組み込まれる上位システムの変化」「ユーザーのライフスタイルの変化」などを記載します。また製品の下の行D1、D2、D3は製品に使われている要素技術の変化、例えば「部品」「材料」「製造工程」などを記載します。

一方、時間軸を表す列は、左から過去、現在、未来を表します。

9画面法では、自分たちの製品の上位層、下位層を調査して埋めることで、「未来の上位層U3」と「未来の下位層D3」にサンドイッチされた「製品の未来T3」を予測するアイデアを出すことができます。本書ではこのT3を製品のアイデアそのものではなく、未来の製品に対する顧客ニーズ（願望）を予測するのに9画面法を使います。

図表5-3　未来のニーズ予測に使う9画面法

	過去	現在	未来
対象システムの上位層	U1	U2	U3
	取り巻く環境の変化、社会インフラ、法規制の変化、対象システムが組み込まれる上位システムの変化、ユーザーのライフスタイルの変化		
対象システム	T1	T2	T3
	対象システム、製品の変化		**未来の製品へのニーズは？**
対象システムの下位層	D1	D2	D3
	対象システムが使っている要素技術の変化（部品、材料、製造工程など）		

図表5-4　湯沸かしポットでの未来予測例

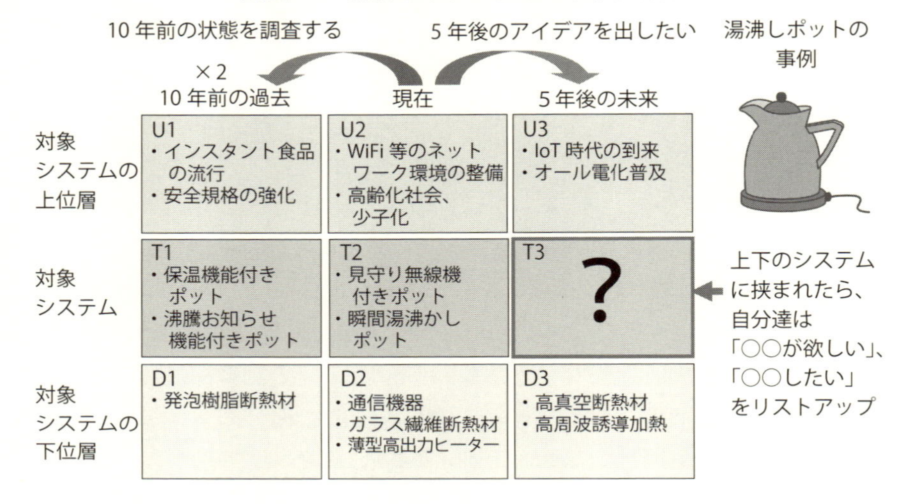

図表5-4に湯沸かしポットでの適用例を示します。

5年後の未来を予測したい場合、過去は10年前に遡って調査します。**一般に予測したい未来の2倍の年数を遡って過去を設定します**。これは時間の変化は加速度的に進化するため、10年前から現在までと、現在から5年後までの変化の大きさを同じくらいと想定しているためです。

（2）技術を機能で展開すると整理しやすい

上位層および下位層の変化を調査する場合、自分たちの製品を機能で表すと、関連付けが容易になり整理しやすくなります。(1)

例えば湯沸かしポットの「見守り機能」として、無線ネットワーク技術や湯沸かし技術を「機能（S＋V＋O）」で表現すると**図表5-5**に示すようになります。この機能をもとに**図表5-6**、**図表5-7**に示すように上位層と下位層とを紐づけしていきます。現在の上位層にあたる環境（U2）から10年前の環境や5年後の環境（U1、U3）を調査していきます。さらに、この現在の下位層にあたる要素技術（D2）から10年前の要素技術や5年後の要素技術（D1、D3）も調査していきます。

このように調べてまとめた結果として上位層の変化を**図表5-8**に、下位層の変化を**図表5-9**に示します。

図表5-5　湯沸かしポットの現在の技術を機能で表示

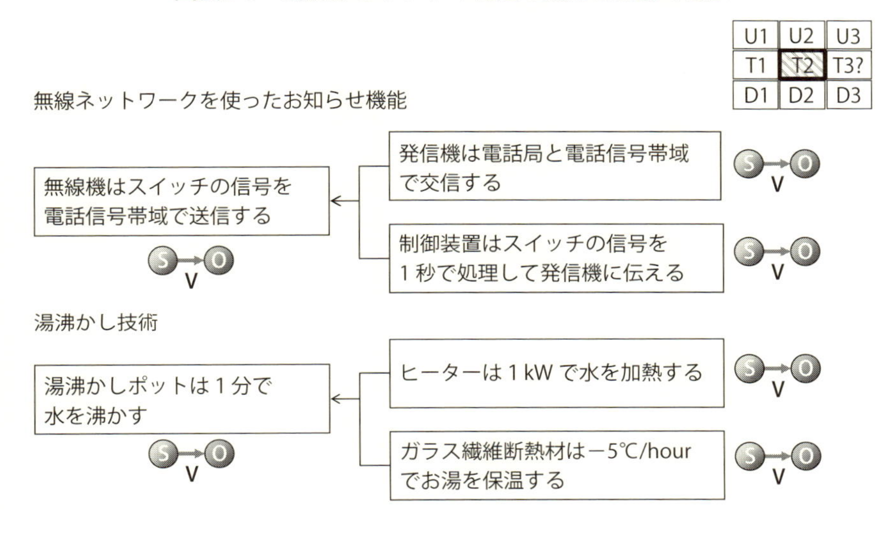

図表5-6　現在の上位層U2の紐づけ

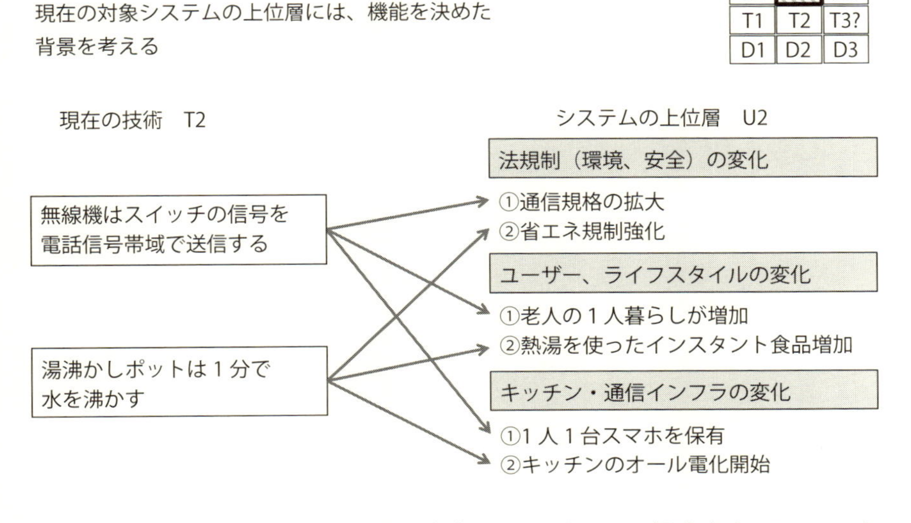

過去や未来の調査には、Google検索をはじめP.79で紹介したTRIZソフト「Goldfire」の技術検索機能も使うことができます。過去の技術を年度別に体系的に調査するには、経済産業省のホームページで公開されている技術戦略MAP

図表5-7　現在の下位層D2の紐づけ

現在の対象システムの下位層には、上位層の機能を
司る下位層の機能を実現する要素技術を記入する。

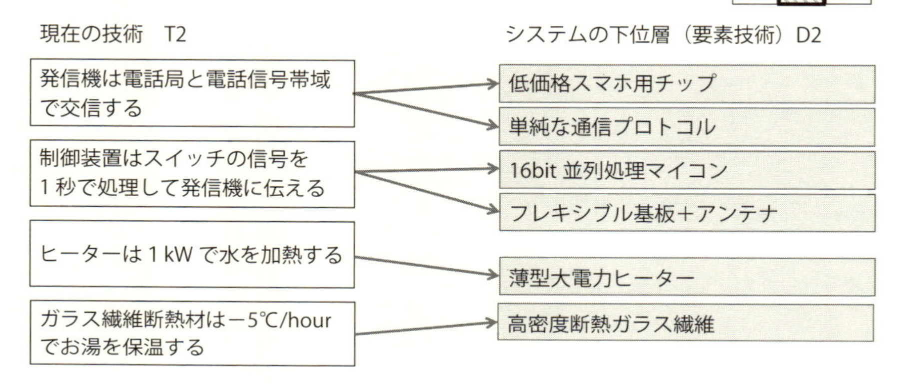

図表5-8　製品上位層の過去、現在、未来の変化

10年前の環境U1、現在の環境U2の変化を参考に
5年後の未来の環境U3を調査、予測する

U1	U2	U3
T1	T2	T3?
D1	D2	D3

	10年前の上位層　U1	現在の上位層　U2	5年後の上位層　U3
法規制（環境、安全）の変化	安全規格の強化	・省エネ規制強化 ・通信規格の拡大	・IoT向け通信規格 ・省エネと通信が連携
ユーザー、ライフスタイルの変化	・高齢化、少子化 ・お湯を使ったインスタント飲料増加	・老人の1人暮らしの増加 ・熱湯を使ったインスタント食品増加	・老人含む独身者の増加 ・電子レンジ食品の拡大でお湯の需要減る
キッチン・通信インフラの変化	マイコン搭載家電普及	・1人1台スマホを保有 ・オール電化開始	・スマホ連動、IoT ・AI技術 ・オール電化拡大

や、文部科学省のホームページで紹介されている科学技術白書などが参考になります。また、未来の情報は技術系雑誌やWeb情報、博報堂の未来年表、上記科学技術白書などが参考になります（P.116「参考」参照）。

　この調査結果から「未来の上位層U3」「未来の下位層D3」にサンドイッチさ

図表5-9　製品下位層の過去、現在、未来の変化

10年前の要素技術D1、現在の要素技術D2の変化を
参考に5年後の未来の要素技術D3を調査、予測する

U1	U2	U3
T1	T2	T3?
D1	D2	D3

	10年前の下位層　D1	現在の下位層　D2	5年後の下位層　D3
通信手段	・1チップ音声ICの普及 ・薄型圧電素子の普及	・低価格スマホ用チップ ・単純な通信プロトコル	・スマホ連動IoTチップ ・高セキュリティ通信プロトコル
制御手段	・8bitマイコン ・出力制御半導体	・16bit並列処理マイコン	画像処理機能付き32bitマイコン
電気実装	耐熱エポキシ4層基板	フレキシブル基板 ＋アンテナ	有機EL付フレキシブル基板
ヒーター	高出力ヒーター	薄型大電力ヒーター	高周波誘導加熱
断熱材	発砲スチロール断熱材	高密度断熱ガラス繊維	真空断熱材

れたら、顧客はどのような製品が欲しいと思うか、湯沸かしポットの5年後の例で見てみましょう。例えば、①30秒で水を沸かしたい、②声で温度を制御したい、③沸騰をスマホで知りたい、④タッチでON/OFFしたい、⑤温度を色で表現したい、といった願望が出てきます（**図表5-10**）。

この結果を第2章の図表2-5で紹介した仮ペルソナの元気な人生を送りたいタイプAさんは、快適な人生を送りたいタイプのBさんに照らして、合いそうなものを選択しても良いでしょう。

（3）仮ペルソナやダントツ感動ニーズとドッキング

9画面法で得た未来の願望は、機能の達成レベルをダントツのレベルに設定することにより、結果的に顧客により深い感動を与えることができるようになります。

また、願望型発想法においてアイデア出しを行う前に、数多く出てきた願望に対して自社戦略に沿ってビジネス的な評価をして絞り込みを行うこともできます。

図表5-11に自社の戦略適合性、技術適合性を評価する場合の項目例を示しま

図表5-10　未来の湯沸かしポットへの願望（ニーズ）を予測する

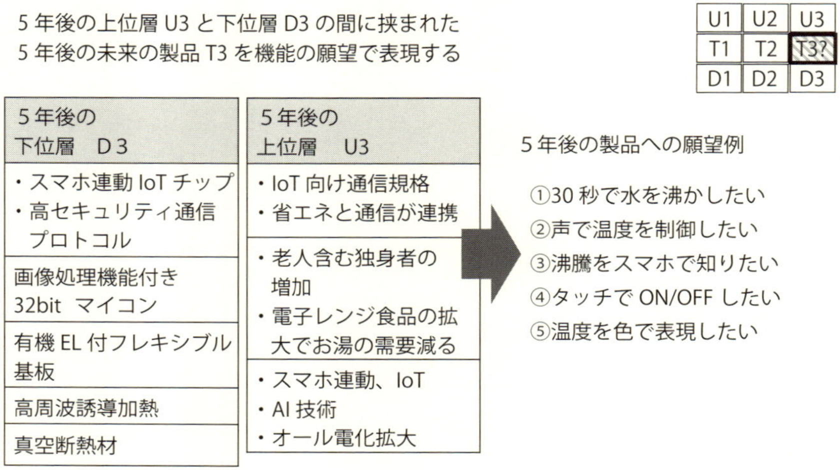

5年後の上位層U3と下位層D3の間に挟まれた
5年後の未来の製品T3を機能の願望で表現する

U1	U2	U3
T1	T2	T3?
D1	D2	D3

5年後の 下位層　D3	5年後の 上位層　U3
・スマホ連動IoTチップ ・高セキュリティ通信プロトコル	・IoT向け通信規格 ・省エネと通信が連携
画像処理機能付き 32bit　マイコン	・老人含む独身者の増加 ・電子レンジ食品の拡大でお湯の需要減る
有機EL付フレキシブル基板	・スマホ連動、IoT ・AI技術 ・オール電化拡大
高周波誘導加熱	
真空断熱材	

5年後の製品への願望例

①30秒で水を沸かしたい
②声で温度を制御したい
③沸騰をスマホで知りたい
④タッチでON/OFFしたい
⑤温度を色で表現したい

図表5-11　未来願望の評価

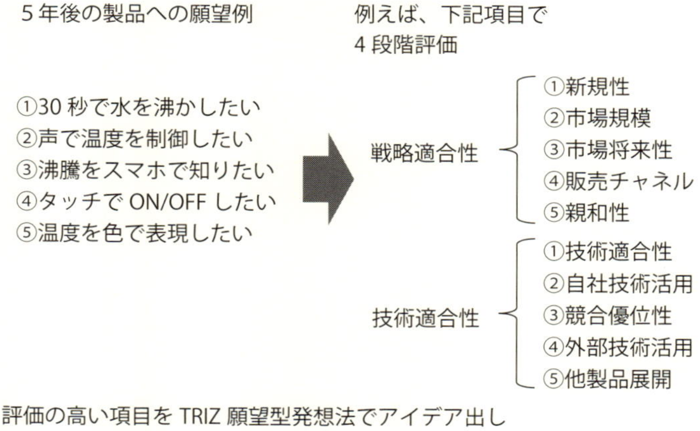

5年後の製品への願望例

①30秒で水を沸かしたい
②声で温度を制御したい
③沸騰をスマホで知りたい
④タッチでON/OFFしたい
⑤温度を色で表現したい

例えば、下記項目で
4段階評価

戦略適合性
①新規性
②市場規模
③市場将来性
④販売チャネル
⑤親和性

技術適合性
①技術適合性
②自社技術活用
③競合優位性
④外部技術活用
⑤他製品展開

評価の高い項目をTRIZ願望型発想法でアイデア出し

しました。こうした評価を経て絞り込んだニーズについては具現化するアイデアをTRIZの願望型発想法を使って発想していきます。

例えば前述した「30秒で水が沸くけど、電力半分ですむ湯沸かしポット」（P.106）の5年後の商品のアイデアを願望型TRIZで出してみた例を**図表5-12**に示します。できないと思っていたことが形になりそうです。

図表5-12　5年後の湯沸かしポットのアイデア

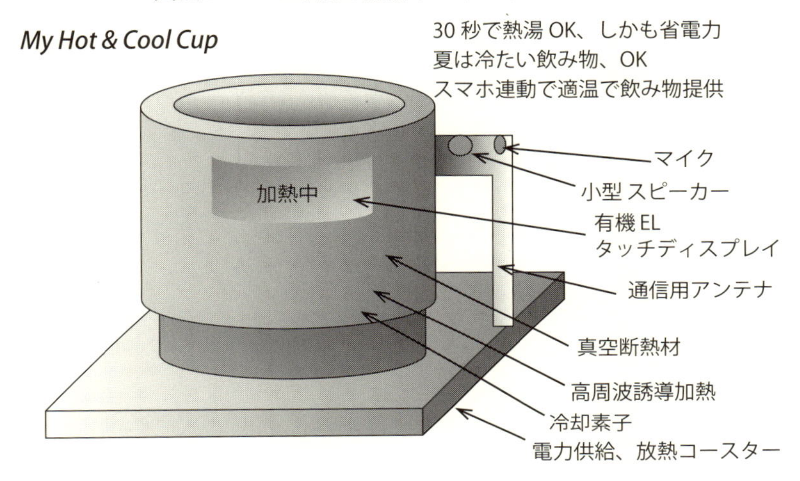

形はカップですが、水も沸かせるし、冷やすこともできる。しかもBeニーズの⑥個性を大事にしたいユーザー向けに「あなた」のためだけの機能レベルを満足させるような「My Hot & Cool Cup」(3) のアイデアになりました。

ポイント

- 顧客ニーズは時間とともに変化する。製品開発はその変化分を折り込みながら進める。
- 9画面法は、製品を取り巻く環境の変化や、製品に使われる要素技術の進歩を加味して製品に対するニーズの未来を予測することができる。
- 未来の製品への願望は、仮ペルソナを設定して想像してもよい。
- 願望型発想法を行う前に、未来のニーズ（願望）を自社の戦略や方針に照らしてフィルタリングしておく。

【参考】過去や未来を調べるのに便利なWebサイト（例）

《過去を調べるのに便利なサイト》

■独立行政法人科学技術振興機構　主要国の研究開発戦略（2013年）
http://www.jst.go.jp/crds/pdf/2012/FR/CRDS-FY2012-FR-08.pdf
■国立研究開発法人NEDO省エネルギー技術戦略2016
http://www.nedo.go.jp/library/energy_conserv_tech_strat.html
■国立研究開発法人NEDO二次電池技術開発ロードマップ2013
http://www.nedo.go.jp/content/100535728.pdf
■経済産業省　技術戦略MAP概要
http://www.meti.go.jp/policy/economy/gijutsu_kakushin/kenkyu_kaihatu/str2010/Chap.1.pdf
■経済産業省　技術戦略MAP　2012　コンテンツ分野
http://www.meti.go.jp/policy/mono_info_service/contents/downloadfiles/120307-2.pdf
■経済産業省　技術戦略MAP　2010http://www.meti.go.jp/policy/economy/gijutsu_kakushin/kenkyu_kaihatu/str2010download.html
■経済産業省　技術戦略MAP　2009
http://www.meti.go.jp/policy/economy/gijutsu_kakushin/kenkyu_kaihatu/str2009download.html#1
■経済産業省　技術戦略MAP　2009
http://www.meti.go.jp/committee//materials/downloadfiles/g60426a04-2j.pdf
■経済産業省　技術戦略MAP　2008
http://www.meti.go.jp/policy/economy/gijutsu_kakushin/kenkyu_kaihatu/str2008.html
■科学技術　学術政策研究所　技術動向調査　2001～2013年
http://www.nistep.go.jp/research/science-and-technology-foresight-and-science-and-technology-trends/sttbacknumbers
■平成24年版　2012　科学技術白書　本文（PDF版）
http://www.mext.go.jp/b_menu/hakusho/html/hpaa201201/detail/1322246.htm
■平成23年版　2011　科学技術白書　本文（PDF版）
http://www.mext.go.jp/b_menu/hakusho/html/hpaa201101/detail/1308357.htm
■科学技術振興機構　JST情報事業　50年の歴史年表
http://www.jst.go.jp/20th/pdf/JSTjigyou50th.pdf

《未来を調べるのに便利なサイト》

■博報堂　未来年表
http://seikatsusoken.jp/futuretimeline/
■野村総合研究所NRI未来年表2018～2100
https：//www.nri.com/～/media/PDF/jp/opinion/nenpyo/nenpyo_2018.pdf
■科学技術　学術政策研究所　技術予測データ2010年版
http://data.nistep.go.jp/dspace/bitstream/11035/705/1/NISTEP-NR145-FullJ.pdf
■総務省　情報通信白書2030年のICT未来白書
http://www.soumu.go.jp/johotsusintokei/whitepaper/ja/h27/pdf/n6100000.pdf
■総務省　第1部　特集　データ主導経済と社会変革
http://www.soumu.go.jp/johotsusintokei/whitepaper/ja/h29/html/nc135200.html
■総務省　人工知能（AI）の現状と未来
http://www.soumu.go.jp/johotsusintokei/whitepaper/ja/h28/pdf/n4200000.pdf
■内閣府経済社会総合研究所　2030年の芽
http://www.esri.go.jp/jp/prj/hou/hou064/hou64_06.pdf

Column 製造業が売るべきなのは「物」ではなく「体験」

顧客感動を重んじた商品づくりですでに大ヒットを飛ばしている企業は数多くあります。例えばユニークな扇風機やトースターで話題となった家電ベンチャーの「バルミューダ」もその一つです。同社の寺尾社長があるインタビューの質問に次のように語っています。

「人々は何を買うのか？　バルミューダの場合、それは『いい体験』だと考えます。いい体験しか売れないと思い込んで、それが本当かどうかまだわかりませんが、そのいい体験を提供することだけ考えているのです。2万5000円のトースターは欲しくないが、究極のチーズトーストは食べてみたいですよね？」

また、ゆったりくつろげるスペースを提供することで確実にファンを獲得してきた「スターバックス コーヒー ジャパン」は、会社の目標に「人々の心に活力と栄養を与えるブランドとして世界でもっとも知られ、尊敬される企業になること」を掲げているそうです。コーヒーをたくさん売ることが目的ではなく、いかにその空間で価値ある時間を過ごしてもらうかを重視しているのです。したがって、店はいつも混んでいますが、長時間居座る人を追い出して回転率を上げようとはしません。

人は知識として得た情報はすぐ忘れてしまいますが、楽しい良かった「体験」はいつまでも記憶に残ります。体験は「イベントそのもの」であり、「思い出」を提供し、さらなる「期待」を喚起するという3段階で楽しみを与えてくれます。思い出は永遠に続き、人に話すときに伝わりやすいので、口コミ効果も期待できます。派手な広告を打たなくても人々の間に自然に広がるのです。

参考文献

(1)「消費者心理のわかる本」梅澤伸嘉著、同文舘出版、2006

(2)「商品企画７つ道具」神田範明編著、日科技連、1995

(3)「NPO法人日本TRIZ協会主催　TRIZシンポジウム2017」（株）アイデア　緒方隆司講演資料 "9画面法と願望型発想法を組み合わせた未来予測" 2017

第6章

テーマ探索、特許戦略、リスク分析にUXを応用する

本章では開発者がテーマを探索するとき、出てきたアイデアを特許にするとき、製品の生産設計を行うに当たりリスク分析を行いたいとき、コストダウンしたいとき、UXの考え方をどのように使うと顧客視点で開発を進めることができるかを説明します。

6.1 自社技術とニーズの接点を探ろう

ここまで述べてきた機能分析から出発する製品開発は、具体的な製品に関して改善の取り組み範囲を設定したうえで、顧客ニーズを抽出し、それを開発に反映するというものでした。本章ではそれ以前の開発テーマの探索段階、未だ何をすべきか白紙の段階でSNマトリックスを活用して自社保有技術をニーズに結び付けていく方法です。例えば自社のR&D部門が長年開発してきたキー素材や機能部品を使って実際にヒット商品に結び付けるといった開発です。開発者の思い込みを排して、広く製品のアイデアを創出したうえでターゲット商品を決める方法を紹介します。

(1) 探索ロジック・ツリーによる用途と保有技術のマッチング

探索ロジック・ツリーとは、機能素材や要素部品の用途や技術について分析したツリーです。[(1)] **図表6-1**に真空断熱材の事例を簡単に記述した例を示します。真空素材を中心に**左側のツリーを用途展開、右側のツリーでその手段となる技術を機能展開します。**用途展開は自社技術を使う用途の展開なので、顧客ニーズと

図表6-1　探索ロジック・ツリー

技術者の思い込みに縛られずに将来の可能性を見つける

用途展開：技術を使う用途の展開　⇒顧客ニーズの接点を探索

手段展開：技術を構成する手段の展開　⇒シーズを構成をする要素技術を把握

探索ロジック・ツリー「真空断熱材の展開例」

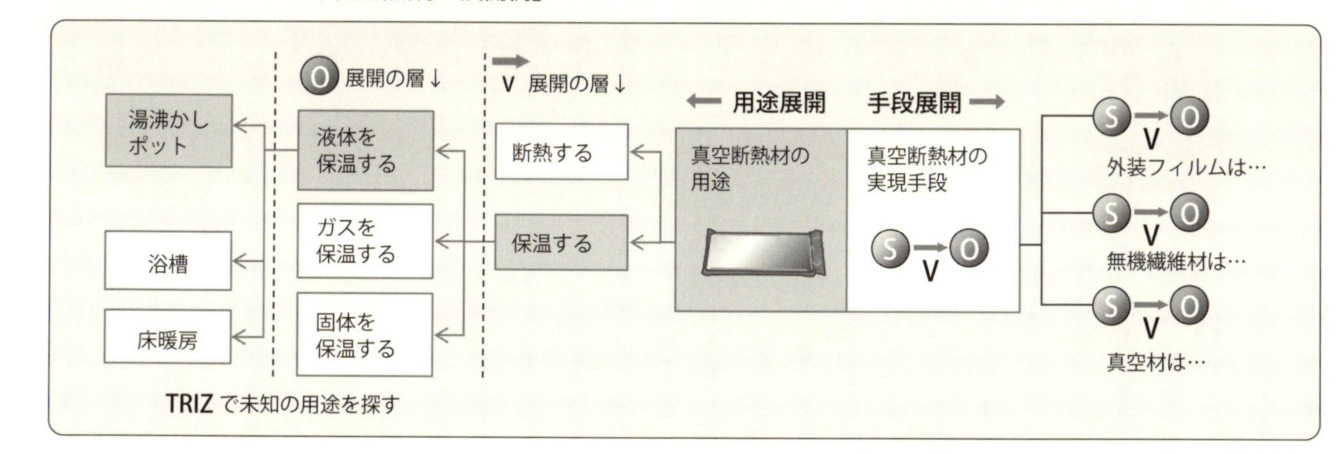

の接点を探索していることになります。一方、右側の技術の展開は機能系統図の展開と同じです。このツリーを使って新規開発部品の用途展開と技術の接点を探します。

（2）用途の展開（ツリーの左側）

探索ロジック・ツリーでは、用途を機能（S＋V＋O）から展開しているのが特徴です。**図表6-2**に示すように、まずは真空断熱材の働き（V）を考えます。真空断熱材の働き（V）として「断熱する」「保温する」といった働きを最初に書きます。次に働き（V）の対象（O）を選びます。例えば保温する対象を液体、固体、気体の中から選びます。次にこれを具体的なシーンに置き換えてさらに詳細化していきます。例えば、「液体を保温する」の次は「スープを保温する」「熱湯を保温する」「ビールを保温する」というように展開していきます。この用途展開はニーズとの接点を探す作業に相当します。用途を広げるにはGoldfireやgoogleのような検索ツールを使っても良いでしょう。

図表6-2　機能ベースで用途展開する

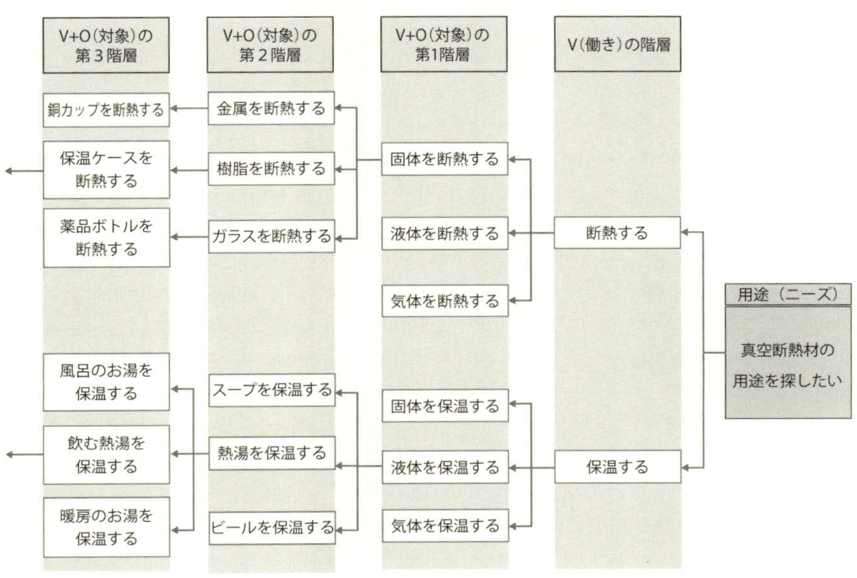

探索ロジック・ツリーによる用途展開は、機能を中心に、目的語を置き換えながらさまざまな用途を探ることで、特定の用途にしか使えないという思い込みを打ち破って今まで気づいていない用途を探します。

(3) 技術の展開 (ツリーの右側)

ツリーの左側の用途の展開と合わせて、保有技術の機能展開をツリーの右側で行います。これは第1章で述べた機能系統図と同じ作業です。「我が社には○○技術がある」という技術はどんな技術なのか？　これを万人にわかるように見える化するのが機能による展開です。

例えば、湯沸かしポットの場合は**図表6-3**に示すように、真空断熱材を構成す

図表6-3　技術展開 (機能展開)

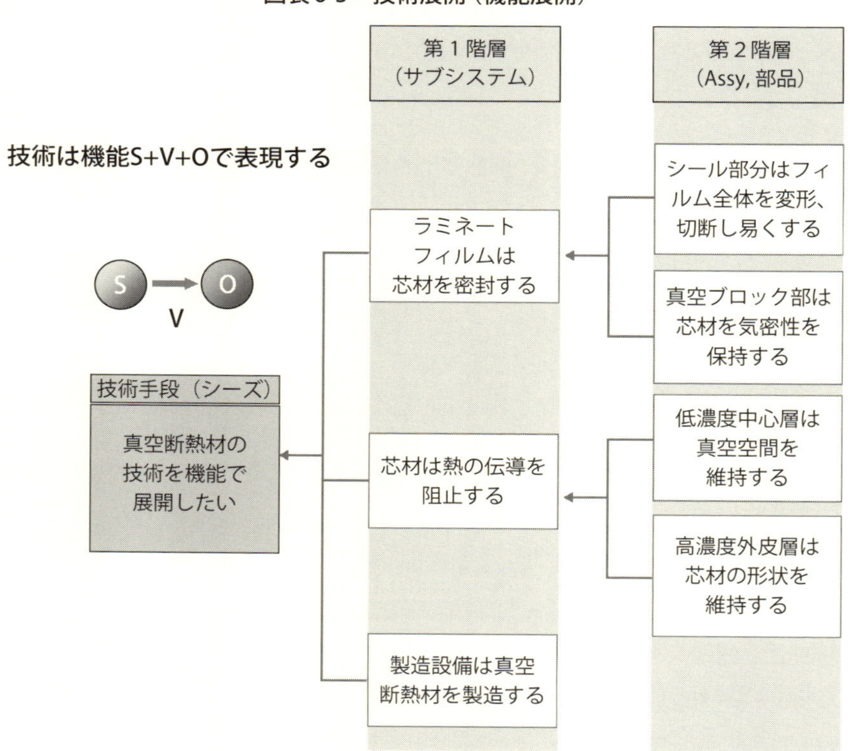

る要素部品であるラミネートフィルム、芯材、製造設備の機能をS＋V＋Oの機能ツリーで表したものです。

機能表記は第1章でも述べたように働きをできるだけ一般的な表現、小学生でもわかるような表現で書くことにより、分野を超えて関係者と共有しやすくなります。

（4）用途の絞り込み、用途と技術の接点を探す

働き（V）からいろいろな目的語を繋げて用途を展開すると、末広がりにツリーが大きくなって多くの用途が出てくると思います。それら用途の中から、自社の戦略や方針のマッチングを行い絞り込みます。絞り込みには例えば第5章の

図表6-4　クーラーボックスの要素技術を機能展開する

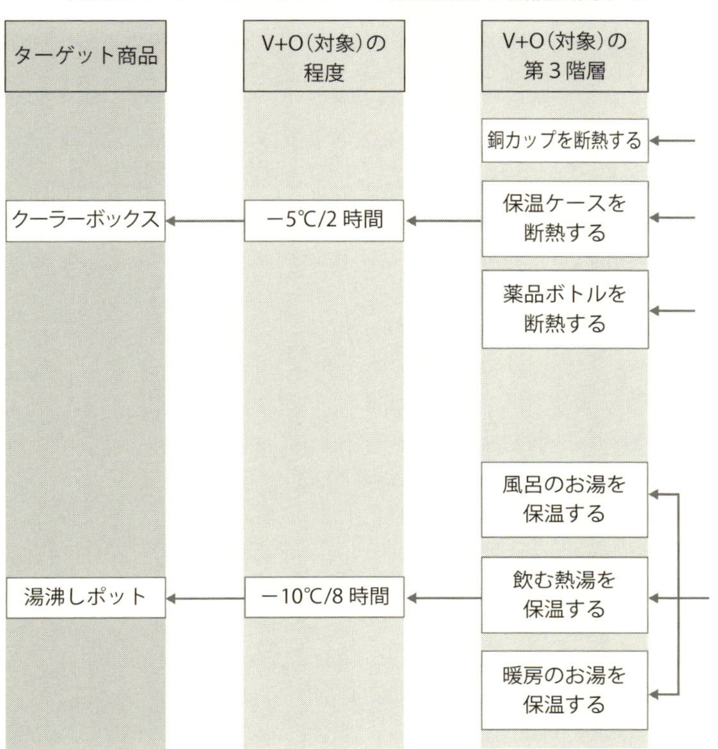

図表5-11で示したような評価項目を使います。

用途の絞り込みができたら、**図表6-4に示すように機能の程度を調べます。**例えば「−5℃／時間」の程度で保温ケース断熱する製品として「クーラーボックス」のような製品用途が見つかります。そこで新規にクーラーボックスを開発することにして開発に必要な要素技術を図表6-3に示すような探索ロジック・ツリーで展開していきます。ツリー右側に展開した機能系統図に断熱材以外の必要技術を機能（S＋V＋O）で表します。さらにこれらの機能を対象にSNマトリックスを作り、UXの考え方を入れて、ユーザーの行動、操作を分析して詳細な顧客ニーズを調べることができます。

以上のように、探索段階で探索ロジック・ツリーを展開することで新しい領域での用途から機能を介してニーズ調査まで繋ぐことができます。

ポイント

- **探索ロジック・ツリーでは、対象部材（S）の用途を機能（S＋V＋O）で表現し（左側ツリー）、その機能を実現する要素技術を機能（S＋V＋O）で表現する（右側ツリー）。**
- **左側の用途展開ツリーでは、まず対象部材（S）の働き（V）を考え、その働きにいろいろな対象（目的語（O））を繋げていく。すると末広がりにツリーが大きくなって多くの用途が出てくるので、その中から自社の戦略や方針に合致した用途を絞り込む。**
- **右側の機能展開ツリーには、左側で決めた用途の実現するための要素技術を機能系統図でバラシして行き、そこから第1章〜第3章で紹介したUXの考え方で顧客ニーズを抽出していく。**

【参考】探索ロジック・ツリーを応用しよう

探索ロジック・ツリーはスタートをR&Dで開発した新規デバイスから始めるのが一般的です。そのほか、ツリー右側の要素技術のさらに要素となる機能（技術）から新たな用途が派生することがあります。

例えば**図表6-5**に示すように、真空断熱材を作るのに必要な技術として芯材を密封するラミネートフィルムの技術を保有していた場合に「ラミネートフィルムは芯材を密封する」という機能をスタート点にして新たに用途展開をすることもできます。この場合、フィルムで密封できるものは芯材だけではないため、空気や液体を対象とした用途の展開もできます。このように新規デバイスを構成する要素技術や製造技術に特徴がある場合は、デバイスそのものの用途展開だけでなく構成技術からの展開も期待できるため、用途展開のツリー（左側）をより広範囲に広げることができます。

図表6-5　ある機能を実現する要素技術からさらに用途展開する

ラミネートフィルムを用途展開してみた。これからさらに左側に展開することもできる。保有技術が不明確な場合も、浅い階層まで技術を機能で表現すると良い。

※自社技術が明確でない場合は第１階層まで保有技術を展開してから用途展開の対象を決めても良い。

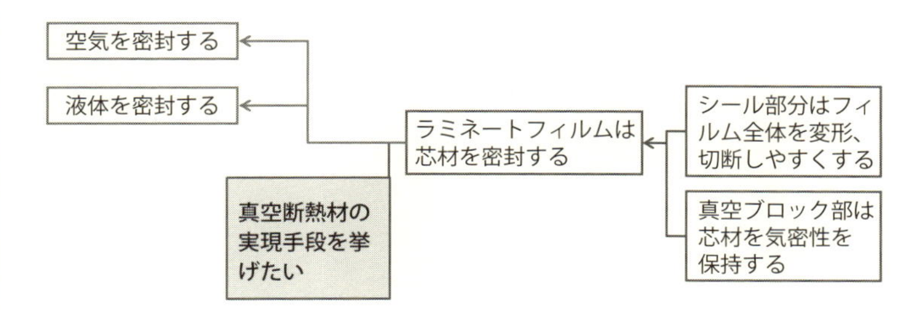

6.2　行動分析によって、より広範囲の特許を出そう

ニーズ分析によって技術課題を明確化し、さらにTRIZを使って課題解決のためのアイデア出しを実施します。この結果、優れたアイデアを獲得することができたのであれば、製品開発と並行して早めに特許を取得しておきたくなります。価値のあるアイデアほど特許を広範囲に取得し特許網を作って、他社の参入障壁を高めたくなるからです。

そのような網羅的特許をどのように取得すれば良いのでしょうか。実はここでもUXの考え方を取り入れた顧客の行動・操作分析が役立つのです。

（1）特許の網を作るとは？

価値あるアイデアを特許で保護していくためには、特許請求の際に下記の2点が重要となります。

①独立請求項において、従来技術と被らずに最も広範囲の利権をカバーすること

②従属請求項において，その下位概念をくまなく記述すること

「独立請求項に対して新規性または進歩性がない」との特許庁の判断があった場合は、下位概念をくまなく記述していれば、各請求項に対しての判定が返ってくるため、再申請の際に請求項の修正がしやすくなります。また、申請した特許に対して特許権侵害であると申し立てがあった場合にも、独立請求項だけでは特許全体が無効となってしまいますが、従属請求項をしっかり記述していると、その一部が無効になるだけで済みます。

対象となる技術の上位概念、下位概念を漏れなく調べて技術の範囲を示していくには、

・機能系統図（ツリー構造）による可視化

・その技術の実現手段を整理

することが有効です。特に特徴ある要素技術は、特徴ある使い方や操作も伴いますので、**対象とする製品の技術を空間の網と時間の網で漏れなくカバーする**ことで**強力な特許の網を作ることが可能になります。**

（2）空間・時間的機能分析を活用してみよう

図表6-6に示すように製品の空間的範囲と、それを使用するユーザーの操作場面を想定しての時間的範囲の両方を機能系統図で書き表します。

次に技術戦略、特許方針、または他社特許の分析も参考にして特許を出願できそうな対象範囲を決めます。この段階では特許を出す範囲を決めるのが目的なので、機能系統図も第1、第2階層の上位階層で範囲を決めます。他社特許もこの階層では多く出ているはずですのでそれらも参考にします。

特許の対象範囲が決まったら、対象範囲の技術をSNマトリックスによって機能で表現し、「顧客ニーズ」「他社技術」「特許情報」を調査し記入します（図表3-8参照）。他社技術とは、個別の機能に関する詳細な技術情報を指します。特許情報も機能ごとに調査できるので他社との比較が容易です。なお、第4章で紹介したGoldfireのようなソフトでは「ナレッジナビゲーター」という機能を使うと、機能表記V＋Oで特許を検索した結果を分類表示させることができ、調査で

図表6-6　特許網羅性の確認（空間的機能系統図＋時間的機能系統図）

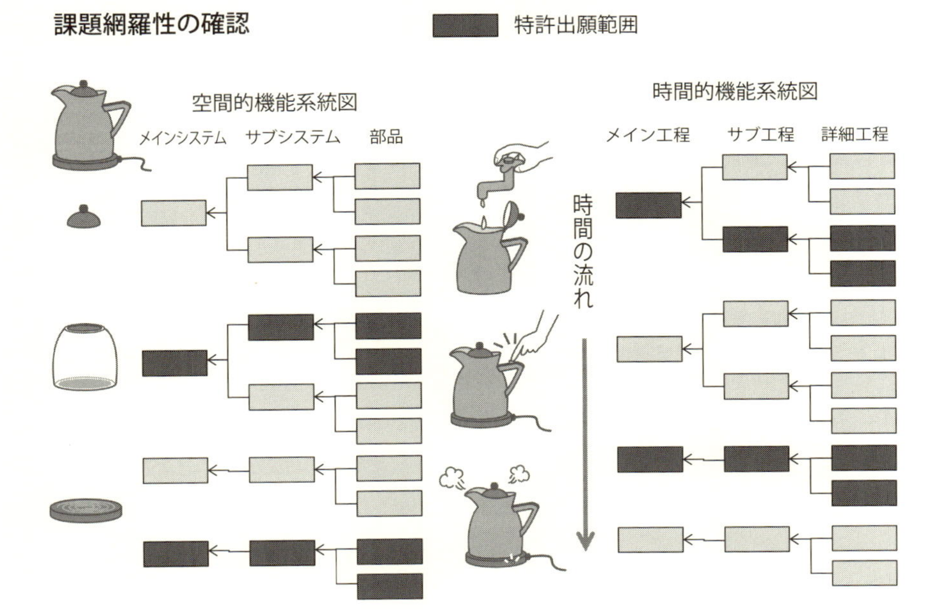

きるためたいへん効率的です。

また、時間的SNマトリックスでは、第2章で紹介したUXによるニーズ分析をします。仮ペルソナのユーザー像別の行動・操作を記述し、SNマトリックスを使って新規製品ならではの使い方・手順を検討してみましょう。想定ニーズを書き出し、他社製品の使い方・手順との比較から、新規製品のそれが特許として成立するか否かを検討します。特許請求が求めているのはユーザーにとっての価値なので、UXによるニーズ分析は、特許性を高めるためにもきわめて重要です。

一方、行動や操作を特許にする場合は、ソフトウェアに対する特許のときと同様な考え方が役立ちます。ソフトウェアでは、まず何をどうするかの処理がメインとして記載されており、それを説明するためにどのような（ハードウェア）構成要素が存在し，それらがお互いにどのような関係にあるかについて付加的に記載されています。このとき、動作主体間のデータ伝送や動作主体におけるデータ処理（変換）を請求項にします。

例えば、どの構成要素を処理主体として、どのような信号が、どの構成要素に送られ、それぞれどのような処理が行われ、データがどの構成要素に格納されるかといった具合に記載します。

この信号処理やデータ送付に関わる部分で顧客の行動・操作がハードウェアに付随して特徴的となっていればよいわけです。第1章のソフトの機能表現である図表1-9を参考にしてください。

また、時間的SNマトリックス分析の結果、仮ペルソナごとの特徴的な行為に対応した特徴的な部位や構造が製品に必要になってくることがあります。これを空間的な構造として特許にすることもできます。

このような時間的SNマトリックス分析による特許網の検討はBtoCのようなコンシューマー向け商品だけでなく、BtoB製品においても組付けやメンテナンスなどで特徴的な操作を抽出したり、そのような作業をするうえで必須となる構造部品や部位を抽出する際にも役立ちます。

（3）課題を出して願望型で発想する

前述したようにSNマトリックスによって顧客のニーズに沿った課題抽出ができれば、次に課題解決のアイデアを考えます。アイデア出しには、撲滅型発想法を利用することもできますが、特許網の構築から考えようという開発初期段階では願望型発想法の利用をお薦めします。新規品の開発初期では、設計の自由度も大きく、既存製品に囚われないでもっと自由に発想すべきです。

アイデアを発想し、コンセプト案がまとまったら、そのアイデアに基づいて空間的機能分析を再度行ってみましょう。現行品とは変わっていますので、機能構成も変わるはずです。**そしてこの機能の実現手段（空間的）と同じものが従来例にないか調べましょう。**もし従来例の中に今回構成の機能の実現手段と同じものも見つかってしまった場合は、①実現手段を変える、②手段の実行手順を変える（時間的分析）などを検討して回避策を考えるようにしましょう。この機能分析は、さらなるアイデアのブラッシュアップにも繋がります。

網羅的なアイデア出しが終わって特許化の方針が決まったら、改めて下記をチェックしてみましょう。

①空間的機能分析でのチェックポイント

・上位の目的を達成する手段は下位にすべて展開されているか？
・各階層で機能を実現する手段は出尽くしたか？
・機能の程度で特許化できそうな特徴はあるか？
・上位層と下位層の関係を維持するのに必須の寸法、重量、形状はないか？

②時間的機能分析でのチェックポイント

・仮ペルソナ別の操作手順は網羅されたか？
・空間的な構造を特徴づける製造工程の手順はあるか？
・各プロセスでの処理を実現するのに必要なデータや信号のやり取りは出尽くしたか？
・手順を規定しないと実現できない機能はないか？

ポイント

- 特許の独立請求項では対象技術の範囲の大きさと新規性が重要。従属請求項では対象技術の機能を下位概念までくまなく網羅することが重要。
- 空間的・時間的機能系統図で対象技術の範囲と実現手段にアタリをつける。
- 時間的SNマトリックス分析で顧客ニーズに基づいた課題を抽出して特許性を高める。
- 課題解決のアイデアを発想し、コンセプト案がまとまったら、そのアイデアに基づき空間的機能分析を再度行う。このとき「機能」の実現手段と同じものが従来例にないか調べる。

6.3 ペルソナを設定してリスクを想定しよう

開発プロセスも生産図面を作成する段階になると、実際に製品が市場に出たのちのさまざまなリスクを想定して対策を打つことになります。リスクは製品を使う顧客の特性によって異なってくるので、仮ペルソナの設定による分析が役立ちます。

（1）リスク管理のための手順

リスク管理のフローはISO31000では定義されています。その中のリスクアセスメントプロセスは下記のようになっています。

①**リスク特定**：リスク特定とは、目的に応じてリスク源，影響を受ける領域、事象並びにこれらの原因および起こり得る結果を特定します。

②**リスク分析**：リスク分析とは、特定したリスクへの理解を深めることであり、リスクの原因、リスク源、危害の大きさおよび起こりやすさに影響を与える要素を分析します。

③リスク評価：リスク評価では、決められた基準（リスク基準）との比較を行います。この比較に基づいてリスク対応の必要性を決めます。

④リスク対応：リスクの回避、リスク・テイク、リスク源の除去、起こりやすさの変更、結果の変更、リスクの共有などの対応を行います。

本書で紹介する分析、評価、対応の流れも基本的には上記手順と同じです。ここでは特にUXによる行動・時間分析がリスク管理にどのように役立つかに絞って解説します。リスク管理の詳細な流れについて知りたい読者は、拙著『製品開発は“機能”にばらして考えろ－設計者が頭を抱える「7つの設計問題」解決法』（日刊工業新聞社刊）を参考にしてください。

（2）効率的なリスク分析の進め方

リスク分析は、理想的には「想定外」がないようにすべてのリスクを抽出したいという要望があります。しかしその反面、部品の故障や工程作業の小さなミスの解析をボトムアップで実施するとなると膨大な時間がかかります。本書ではこのリスク分析のジレンマを解決して効率的に進めていくために以下の科学的アプローチを使います。

①リスクを安全リスクと品質リスクで分けて考える

②空間的または時間的リスク分析を使う

③リスクは機能系統図で網羅的に抽出し、対処の優先度を付ける

④「勘」「経験」「思い込み」を排除した想定・評価・改善を行う

①リスクを安全リスクと品質リスクで分けて考える

本書では、製品や工程に関するリスク管理を行うために、**従来の人への危害を想定した「安全リスク」と、製品機能や工程機能が未達となることを想定した「品質リスク」に分けて定義しています。**

安全リスク、品質リスクの何れも、リスクの定義は「危害の発生の確率とそれが発生したときの重大性の組み合わせ」（ISO/IEC Guide 51）と同じですが、危害の定義が、安全リスクと品質リスクとでは異なります。

- 安全リスクでの危害：人体の健康への被害
- 品質リスクでの危害：製品やプロセス（工程）の機能への被害

また、アプローチ方法も**図表6-7**に示すように異なります。

安全リスクは、人に対する危害の低減を目的とするので、大きな「エネルギー部位」と、人体との「接点個所」に注目します。エネルギー部位としては熱エネルギー（火災、火傷）、電気エネルギー（感電）、力学エネルギー（損傷、切傷、圧迫）、化学エネルギー（汚染、薬害）、放射線エネルギー（被爆）などが相当します。リスクの大きさは人への危害の大きさで評価します。リスクの高い部位への対策としては人が危険源にアクセスするのを防止するガードや危険源を囲む柵などの対策となります。

一方、品質リスクは、機能不全リスクの低減を目的とするので、「重要な機能」「実績のない機能」に注目します。具体的にはシステムの中での機能重要度（顧客視点）、設計変更部位（実績のない部分）、過去に品質問題を発生した部位などが相当します。リスクの大きさは、製品や工程への損害の大きさで評価します。リスク低減策としては機能不全を避けるためのハードウェア、ソフトウェアの対策となります。

②空間的または時間的リスク分析を使う

製品や設備などのシステムの分析には空間的機能系統図を用いた「空間的リスク分析」、工程や操作・手順のリスク分析には時間的機能系統図を用いた「時間

図表6-7　安全リスクと品質リスクのアプローチの違い

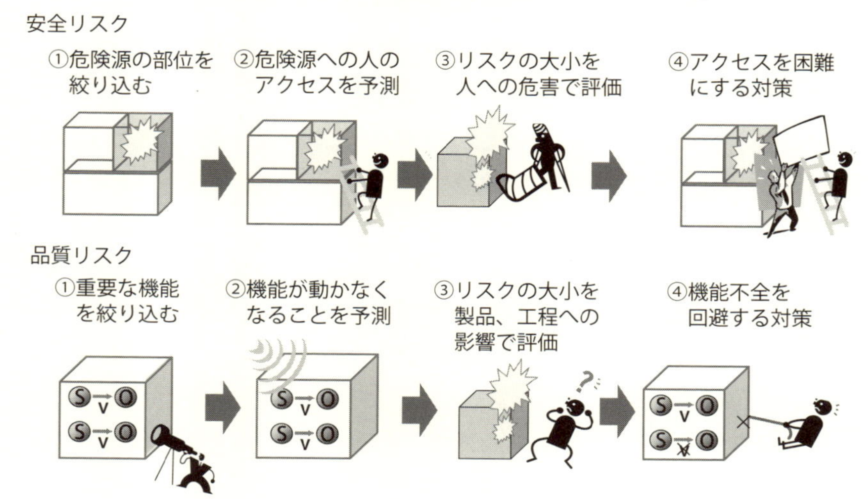

的リスク分析」を行います。

空間的機能分析では、製品システムの中にリスクがあり、リスクが下位部品→上位ユニット→全体システムへと伝播し拡大すると考えます。一方、時間的機能分析では、工程や手順にリスクがあり、そのリスクが工程の上流から下流へと伝播し拡大すると考えます。

両者は、例えるならFMEA（故障モード影響解析、Failure Mode and Effects Analysis）でいうところの「設計FMEA（DFMEA）」や「工程FMEA（PFMEA）」に相当します。ただし、FMEAではリスクの特定に構成要素の「故障モード」（Failure Mode）を摘出し、その上位アイテムおよびシステムへの影響を解析します。

③リスクは機能系統図で網羅的に抽出し、対処の優先度を付ける

リスク分析は、原因分析と同様に漏れのない分析が要求されます。したがって、最終的には機能系統図を使ってツリー構造に沿って上位層から順に漏れのない機能分析を行います。ただし時間がない場合は機能分析を行わず、部品構成表または工程表を使って直接範囲を決めても良いです。

一方、対処の優先度については、安全リスクに対しては危険源有無、さらにはそのエネルギーの大小で絞り、品質リスクではその機能の重要度や実績の有無で絞っていきます。

④「勘」「経験」「思い込み」を排除した想定・評価・改善を行う

安全リスクでは、想定外のリスクを広範囲に抽出するために「ガイドワード」を使用して人のアクセス・シーンを想定します。一方、品質リスクでは、「品質不具合原因リスト」「原因調査」「TRIZ逆転発想法」などで故障を想定します。このような方法により、勘、経験、思い込みによるバラツキを排除します。リスクの低減策を考案する場合には、機能ごとに課題を明確にし、TRIZやタグチメソッドの科学的手法を使って解決策を検討します。

(3) UXによる時間分析で潜在リスクを見つける

時間的機能分析を利用したリスク分析は、工程FMEAで代表されるような工場のリスク分析、すなわち製品の製造工程の分析に用いられます。本書では、製品使用時の顧客の行動・操作に伴うリスク分析にも適用しています。製品の構造を見ながら空間的な分析を行っただけでは、潜在的なの顧客ニーズまでは分析できないのと同様、安全や品質の潜在的なリスクは、やはり顧客が製品を使う行動・操作まで詳細に分析しなければ抽出できないからです。

第2章で述べたように、主語（S）が顧客の場合、主語が持つ価値観の違いは機能（V）の違いや程度（どのように、どんな程度に）に表れます。

例えば、湯沸かしポットでコーヒーを入れる工程で、元気な人生を送りたいタイプAさんと、快適な人生を送りたいタイプだBさんとは、湯沸かしポットに水を入れるときの行動や操作が異なったことを思い出してください（第2章2.3節）。**ユーザーの持っている価値観により行動が変わるということは、行動により発生する危険の度合いや製品の機能不具合による影響も変わることを意味しています。**さらに具体的には、ユーザーの仮ペルソナで設定した年齢や性別、家族構成の違い、つまり顧客がお年寄りなのか小さな子供なのかによって操作の違いが生まれ、被害の影響度も変わるかも知れません。このように製品使用時の潜在リスクを抽出するためには、仮ペルソナを設定した時間的機能分析がたいへん効果的となります。

（4）UX的な考えを入れたリスクの評価方法

リスク評価は「危害の発生確率」と「危害のひどさ」の組合せで表現します。これにさらに故障の発見しにくさを加えた方法もあります。リスクを評価するということは、対象となるリスクが許容レベルにあるか否かを判断することです。

本書では、一般的によく使われている評価法として「リスク・マトリックス法」「FMEAのRPN評価法」について紹介します。リスク・マトリックス法は、**図表6-8**に示すような日本科学技術連盟が提供するR-Map手法[(1)(2)]が知られています。同手法では、リスク許容レベルが以下のように詳細に定義されています。

・A領域：受け入れられないリスク領域

・B領域：危険／効用基準あるいはコストを含めてリスク低減策の実現性を考慮しながらも、最小限のリスクまで低減すべき領域

・C領域：無視できると考えられるリスク領域

FMEAでは、「故障の結果の重大さ」に「故障発生の頻度」を乗じ、さらに「故障発見の確率」を乗じたものをRPN（Risk Priority Number）として定義しています。

図表6-8　日科技連R-Map手法

発生頻度							
5	件／台・年 10^{-4}超	頻発する	C	B3	A1	A2	A3
4	10^{-4}以下～10^{-5}超	しばしば発生する	C	B2	B3	A1	A2
3	10^{-5}以下～10^{-6}超	時々発生する	C	B1	B2	B3	A1
2	10^{-6}以下～10^{-7}超	起こりそうにない	C	C	B1	B2	B3
1	10^{-7}以下～10^{-8}超	まず起りえない	C	C	C	B1	B2
0	10^{-8}以下	考えられない	C	C	C	C	C
			無傷	軽微	中程度	重大	致命的
			なし	軽傷	通院加療	重症 入院治療	死亡
			なし	製品発煙	製品発火 製品焼損	火災	火災 建物焼損
			0	I	II	III	IV

危害の程度

RPN＝［故障の結果の重大さ］×［故障発生の頻度］×［故障発見の確率］

（発生頻度には危険源の危険発生頻度と、危険源へのアクセス頻度を含む）

RPNは、各項を1～5、または1～10などの数値で表し、掛け合わせて算出します。RPNが大きければリスクが高いことを意味しますので、対策を取ります。R-Mapに故障発見の確率が加わった分、精度が高いように見えますが単純に比較できるものではありません。RPNは意思決定のための簡易的な指標であると考えたほうが良いでしょう。

このリスク評価も先に少し述べたように仮ペルソナの顧客特性により変わります。例えば、R-Map手法で使う、評価水準の標準的な例が**図表6-9**だとすると、元気な人生を送りたいタイプAさんは標準的な人よりも健康に敏感で安全や健康には人一倍気を遣うタイプだとすると、**図表6-10**に示すような評価表になります。危険に対しての結果の大きさが1ランク上がったうえに、実害がなくても健康的な不安を感じるだけで危険と感じるようになるなど、評価がより厳しくなります。もし、対象とする商品がこのような顧客を想定する場合は、顧客の体験価値に合わせた細やかなリスク評価とその対策が必要となります。

図表6-9　R-Mapでの標準的なリスク評価水準例

ランク	結果の大きさ
0	応急処置で仕事に影響を及ぼさない傷害
I	・指、手、足の骨折 （1カ月以内に仕事復帰可能な傷害） ・完治すると日常生活に影響を及ぼさない傷害 ・仕事に1日以上の影響を及ぼす傷害
II	・指、手、足などの切断 ・元通りに回復しない傷害 ・手、足の骨折 （仕事復帰に1カ月以上を要する傷害）
III	日常生活に影響を及ぼす後遺症傷害
IV	死亡に至る可能性あり

ランク	危険源への アクセス頻度
0	1年に1度程度 アクセスする
1	数カ月に1度程度 アクセスする
2	1カ月に1度程度 アクセスする
3	1週間に1度程度 アクセスする
4	1日に1度程度 アクセスする
5	1日に何度も アクセスする

図表6-10　元気な人生を送りたいタイプAさんのリスク評価水準例

ランク	結果の大きさ
0	・実害はないが健康的な不安を感じる傷害
I	・応急処置で仕事に影響を及ぼさない傷害 ・1年経過したら体調を崩す傷害
II	・指、手、足の骨折 （1カ月以内に仕事復帰可能な傷害） ・すぐに体調を崩す傷害 ・仕事に1日以上の影響を及ぼす傷害
III	・指、手、足などの切断 ・元通りに回復しない傷害 ・手、足の骨折 （仕事復帰に1カ月以上を要する傷害）
IV	日常生活に影響を及ぼす後遺症傷害

ランク	危険源への アクセス頻度
0	1年に1度程度 アクセスする
1	数カ月に1度程度 アクセスする
2	1カ月に1度程度 アクセスする
3	1週間に1度程度 アクセスする
4	1日に1度程度 アクセスする
5	1日に何度も アクセスする

（5）危険源へのアクセス・シーン想定

安全のリスク評価では、**図表6-11**に示すように3W1Hで危険源へアクセスするシーンを想定します。この例は湯沸かしポットでお湯を沸かす工程を時間的機能分析で書き出し、その工程の中に危険源があれば、どんな危険源かを選択してさらに詳細にその危険源へのアクセス・シーンを記載していきます。危険源とはJIS B 9702（機械類の安全性―リスクアセスメントの原則）に記載されており、機械的エネルギー、電気的エネルギー、熱的エネルギー、騒音、振動、放射、材料・物質や危険源の組み合わせがあります。あらかじめ部品構成表や工程表を対象にしてチェックした危険源について、その分類と詳細をプルダウン・メニューから選択し、その危険源へのアクセス・シーンを3W1Hの表に記載します。ここで、Whenは2種あって、最初のWhen1は「ガイドワード」で、次のWhen2はシーンの時間帯を示しています。

アクセス・シーンでは標準的な物では主語（S）に相当するWhoの部分には顧客、サービスマン、作業者などを選択できるようにしてシーンを想定しますが、このWhoも顧客A、顧客Bというように仮ペルソナとして設定した顧客を選ぶことで、この顧客ならこのようにアクセスするだろうと、想定が顧客により変わります。

図表6-11　危険源へのアクセス想定

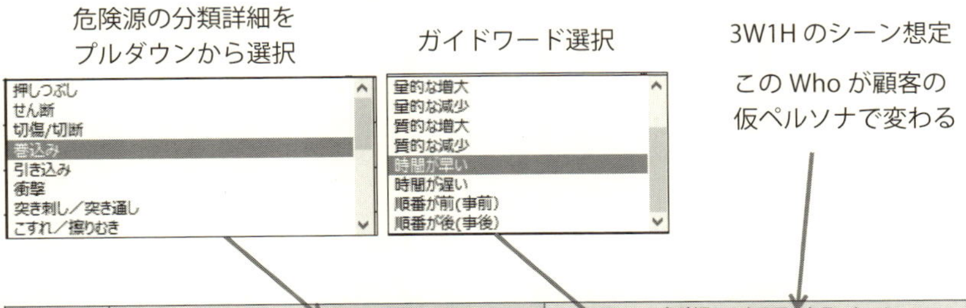

危険源の分類詳細を
プルダウンから選択

押しつぶし
せん断
切傷/切断
巻込み
引き込み
衝撃
突き刺し／突き通し
こすれ／擦りむき

ガイドワード選択

量的な増大
量的な減少
質的な増大
質的な減少
時間が早い
時間が遅い
順番が前(事前)
順番が後(事後)

3W1Hのシーン想定

このWhoが顧客の
仮ペルソナで変わる

階層構造（nn・・を記載）	サブプロセス工程名	危険減の内容		危険源への人のアクセス・シーン			
		分類	詳細	When 1（条件・環境下で）	When 2（いつ）	Who	How（どのようにアクセスする）
1	ポットに水を入れる						
11	蓋を開ける	機械的危険源	巻込み	時間が早い	使用段階	顧客A	
12	水を入れる	機械的危険源	押しつぶし	量的な増大	使用段階	顧客A	フタを持って何回も濯ごうとして
13	蓋を閉める	機械的危険源	押しつぶし	時間が早い	使用段階	顧客A	慌てて閉めようとして
2	ポットのヒーターの電源を入れる				使用段階	顧客A	
21	電源プラグをポットに接続する	電気的危険源	高電圧の充電部に接近		使用段階	顧客A	近くにいた子供が金属を差し込む

例えば**図表6-12**で示した「湯沸かしポット」の例では、フタ・ユニットでの指の挟み込み、押しつぶしの危険源に対して、ガイドワード「量的な増大」「時間が早い」とのキーワードから、顧客が水を入れて何回もそそぐ、急いでフタを閉めるなどのシーン想定を行っています。シーン想定には、第2章の2.4節で紹介した、機能の働き（V）を強化しようとすると出てくる副作用の情報も参考になります。

（6）リスク評価

想定した危険源へのアクセス事象についてR-MapまたはRPNでリスク評価を行います。安全では一般にはR-Map法が用いられますが、リスク対策にリスクを見つけやすくするための検出方法を検討したい場合は、発見率も加えたRPN法を用いると良いでしょう。R-Map評価は仮ペルソナで元気な人生を送りたいタイプAさんを使う場合は先に示した**図表6-10**を使います。これらの危害と発生頻度の水準、ランク付け、許容設定については、製品の特性、部門の方針に応じて適切なものを決めてください。

図表6-12　危険源へのアクセス・シーンとリスク評価

Aさん

Bさん

Whoやリスク評価水準が顧客の仮ペルソナで変わる

危険源への人のアクセス・シーン				リスク評価　（R−Map評価）			
When 1（条件・環境下で）	When 2（いつ）	Who	How（どのようにアクセスする）	重大さ	発生頻度	リスクの大きさ	許容
時間が早い	使用段階	顧客A					
量的な増大	使用段階	顧客A	フタを持って何回も濯ごうとして	I	5	B3	×
時間が早い	使用段階	顧客A	慌てて閉めようとして	I	5	B3	×
	使用段階	顧客A			5		
	使用段階	顧客A	近くにいた子供が金属を差し込む	II	1C		○
	使用段階	顧客A					

（7）リスクの高い事象への対策計画の策定、リスク低減対策の評価

リスクが高く許容できない項目にはリスクを低減する改善計画を立てます。

例えば**図表6-13**に示すように、顧客が水を入れて何回もそそぐ、急いでフタを閉めるリスクについては、評価結果は「×」なので、「ヒンジにカバーを付ける」「フタの縁にパッキンを設ける」などの対策を入れます。対策のアイデアはTRIZなどの手法を使って創出することができます。

対策後に同様のリスク評価を行い、評価が「×」が「○」になっていることを確認します。この例では、評価でもともと「○」だったリスクについても再検討し、さらにリスクを下げる対策を入れています。

以上、時間的な機能系統図を使って安全リスクの手順を説明してきましたが、品質リスクについても、行動や操作の分析から同様に製品の機能低下についてリスク予測、リスク対策を取ることができます。

また、UXの考え方を取り入れることで、顧客の特性に応じた潜在的なリスクを抽出できるうえに、機能で分析することで網羅性も上がりますので、リスク分析の際は、この方法を試してみることをお奨めします。

図表6-13　改善計画とリスク評価

リスク評価（対策前）　リスク回避対策の計画　リスク評価（対策後）

リスク評価（Before）				改善計画			リスク評価　（After）			
重大さ	発生頻度	リスクの大きさ	許容	リスク回避策	担当者	期限	重大さ	発生頻度	リスクの大きさ	許容
I	5	B3	×	ヒンジにカバーを付ける	山田	2018/7/10	05C			○
I	5	B3	×	フタの縁にパッキンを付ける	佐藤	2018/9/30	05C			○
	5									
II	1C		○	プラグにご挿入防止カバーを付ける	加藤	2018/9/30	II	0C		○

ポイント

- ◆リスクは、安全リスクと品質リスクに分けて考える。
- ◆安全リスクでは「大きなエネルギー部位」と「人との接点」に注目する。品質リスクでは「重要な機能」と「実績のない機能」に注目する。
- ◆製品や設備のリスク分析では空間的機能系統図を用いた空間的リスク分析を、工程や操作のリスク分析には時間的機能系統図を用いた時間的リスク分析を行う。
- ◆リスク評価の基本は、[危害の発生確率]×[危害のひどさ]で表現。
- ◆ユーザーの価値観の違いによって、発生する危険の度合いや不具合の影響も異なるため、リスク分析では仮ペルソナを設定して価値観を反映した潜在的リスクを抽出する。

6.4 安かろう悪かろうのコストダウンから脱却しよう

なぜか技術者は、コストダウンというと一番コストの高い個所から手を打とうとします。しかし、コストダウンは一体、誰のために行われるのでしょうか。コストダウンにも顧客視点が必要です。そのベースのある考え方は機能とコストのバランスを考えるVE（バリュー・エンジニアリング）の考え方です。この考えをより顧客視点で進めるのにUXの考え方が役に立ちます。

(1) VE (Value Engineering：価値工学) とは

VEは、製品やサービスの顧客にとっての「価値」を、それが果たすべき「機能」とそのためにかける「コスト」との関係で把握し、システム化された手順によって価値の向上を図る手法です。**機能ごとのコストを求めることで、機能が低い割に、コストが高くなっているものから、コストを削減する優先順位の考え方です。**要するに、作り手側の思考で単純に高価な物から削って、機能の悪化を招き、「安かろう、悪かろう」を作ることを避ける考え方で、顧客にとって価値のあるコストダウンを目指す考え方です。

（2）VEのアプローチ

VEとは、「機能」と「コスト」のバランスを見ながらコストを下げる考え方ですので、まずは製品やサービスの機能に着目します。**顧客が製品やサービスを購入するのは、その製品やサービスそのものを求めているのではなく、その製品やサービスを買うことによって得られる効用と満足を求めています。**そのような顧客視点の考え方で製品やサービスが果たす機能に着目するわけです。繰り返し紹介してきたように、機能は機能系統図で表わすことができます。

次に**図表6-14**に示すように、「湯沸かしポット」の機能の重要度に相当する機能コストFを決め、コストCからV＝F/Cで価値Vを計算します。湯沸かしポットでは水を沸かすという基本機能に最も影響を与えるユニットの機能が、「ヒーター」「断熱材」「フタ」という順番で重要だと定義します。実際には、すべての機能の総和を100%として各ユニットや部品の重要度を割合で求めます。そこで、FはCとの単位を揃えて無次元とするため、機能重要度の割合にターゲット・コストを掛けた「機能コスト」で表します。したがって、Fは機能コストの

図表6-14　VEにおける価値F/C

機能ごとのコストに着目し、VE的なアプローチをする

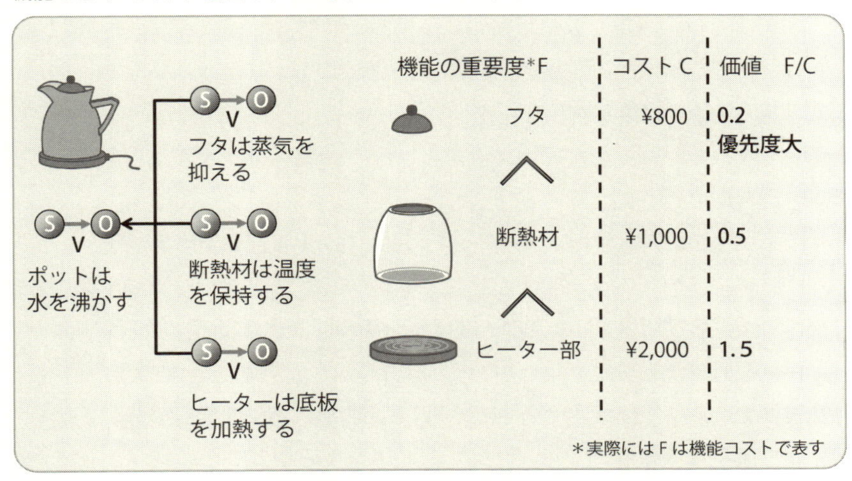

価値F/Cの低いものからコストを下げるアイデアを考える

ことを指します。

価値Vは機能が重要なほど、コストCが低いほど高くなります。反対に、機能が低くてコストが高いものは価値Vが低くなります。コストダウンの優先度は価値V＝F/Cの低いものから着手することになります。

言い換えると、「最小限のコストで、顧客に必要な機能を確実に達成する」のがVEの考え方であり、そのために機能当たりのコストF/Cに着目したアプローチになります。

VEについては本書では概念と基本的な考え方のみ解説をしています。詳細は専門書をご覧いただくか、拙著『製品開発は“機能”にばらして考えろ－設計者が頭を抱える「7つの設計問題」解決法』（日刊工業新聞社刊）を参考にしてください。

（3）機能分析からのコストダウン

既存製品のコストダウンを行う場合は、VEの考え方を使います。コストダウンを行う範囲を決めて、機能分析を行い機能ごとのコストCを割付け、機能コストFを決め、価値V＝F/Cを求めて、コストダウンの優先度を決めます。以下、詳細に順を追って説明します。

①コストダウンを行う範囲を特性要因図で決定

コストダウンの対象となる範囲の部品構成表を参考にしながら、第1章1.4節で紹介した空間的特性要因図や時間的特性要因図で決めます。

②取り組み範囲の機能系統図を作成

コストダウンの取り組み範囲が決まったら、Excelのフォーマットを使って機能系統図を作成します。

③機能系統図をコスト分析フォーマットに貼り付け、機能重要度を定義

機能系統図が書けたら、各部品の現行コストを入力します。次に機能の重要度を機能の上位層から書き込んでいきます。一番簡便な機能重要度の設定方法として、比例配分法があります。

図表6-15に「湯沸かしポット」の現行コスト割付と機能重要度の記入例を示します。図では上位層のフタ・ユニットの機能重要度10%、本体・ユニットの機能重要度40%と入力されています。この割合は図面では表示されていない他

図表6-15　コスト、機能重要度の割付け例

①サブシステムや部品ごとの現行コスト（C）を調べて記入する
②機能重要度の合計が 100% となるように機能の記述も見ながら決める

同じユニット内は同じ比率を入れる

階層構造 (nn…を記載)				サブシステム 部品名	現行 コストC	機能重要度判定				
						第１階層	判定	第２階層	判定	総合判定
1				フタ		フタ	10%			
	11			ツマミ	¥100		10%	ツマミ	20%	2%
	12			フタ・プレート	¥300		10%	フタ・プレート	40%	4%
	13			ヒンジ	¥100		10%	ヒンジ	40%	4%
2				本体		本体	40%			
	21			本体ケース	¥800		40%	本体ケース	10%	4%
	22			ステンレス槽	¥700		40%	ステンレス槽	20%	8%
	23			目盛窓	¥200		40%	目盛窓	10%	4%
	24			断熱材	¥400		40%	断熱材	30%	12%
	25			蒸気パイプ	¥200		40%	蒸気パイプ	10%	4%
	26			取っ手	¥100		40%	取っ手	10%	4%
	27			注ぎ口	¥200		40%	注ぎ口	10%	4%

のユニットの割合と合計して100%となるように設定しています。次にフタ・ユニットや本体・ユニットにぶら下がる部品の重要度が各ユニットで100%となるように割り付けています。この結果として、各部品の機能重要度が求まります。例えば、本体ユニットの断熱材は40%×30%＝12%となります。この重要度を決めるときには各ユニット、部品の機能を確認して、湯沸かしポットの本来機能「水を沸かす」に一番関係が深いものから重要度を決めていきます。このように一般的には機能重要度は基本機能を意識ながらメンバーでよく話して設定しますが、機能重要度は主観的になりやすいため、合意しにくく難しいとの意見も良く出ます。**実はこの機能重要度を技術者視点ではなく、顧客が使う場面を分析して顧客視点で行おうとする考え方を入れたのが、UX的な考えを入れたコストダウンです。**

（4）機能の重要度は顧客が決める

顧客が重要と思う機能は、部品構成表から来る空間的な機能ではなく、顧客が製品を使うプロセスで時間的な機能として認識されます。

したがって、湯沸かしポットの例では、水を沸かす工程を時間的機能系統図で表し、その中での顧客にとって重要なプロセスは何かを見極めてから、それを空間の構成に置き換えることで、部品構成上の機能重要度を判断します。

図表6-16に湯沸かしポットで水を沸かすときの重要度の時間空間変換のイメージを示します。図では顧客の操作を時間分析し、どの操作が重要かを順位付けした結果から、その操作を実現する部位の機能の重要度を順位付けしています。**このときどの操作が重要かは顧客の価値観で変わります。**例えば元気な人生を送りたいタイプAさんが重要考えるのは水を入れるときにそそぎやすい機能が1位かも知れませんし、快適な人生を送りたいタイプBさんは早く水を沸かすことが1位かも知れません。この重要度判定を基に、空間の部品構成の部位の機能重要度を割り出すわけです。

(5) ターゲット・コストから機能コストを算出する

機能重要度が部品ごとに判断できたら、機能重要度の割合にターゲット・コスト（目標コスト）を決めて、機能重要度に掛け合わせることで、機能コストを算出します。

図表6-17に示す「湯沸しポット」の事例では、先に求めた機能重要度にターゲット・コストを掛け合わせた金額が機能コストFとして①に算出されています。その機能コストFを現行コストCで除した値として②にF/Cが算出されます。これがVEでの価値を表します。

同時に現行コストから機能コストを差し引いたものC－Fがコストダウンの低減余地③となります。②F/Cが低く、③C－Fの大きなものから優先順位 ④を決めていきます。図ではすべての部品を表示していないので、順位がすべて記載されていませんが、1位～10位ぐらいまで優先順位を決めて、その順番で計画原低額 ⑤を決めていきます。

最終的には計画原低額 ⑤の合計を現行コストの合計額より差し引いた金額がターゲット・コストになるように原低額を調整していきます。

以上のようにコストダウンでも顧客視点を強化するには、VEの考え方にUXの考え方を入れることで、顧客が欲しがる機能を犠牲にせずに効率的なコストダウンが可能となります。

図表6-16　機能重要度の操作から部位への変換

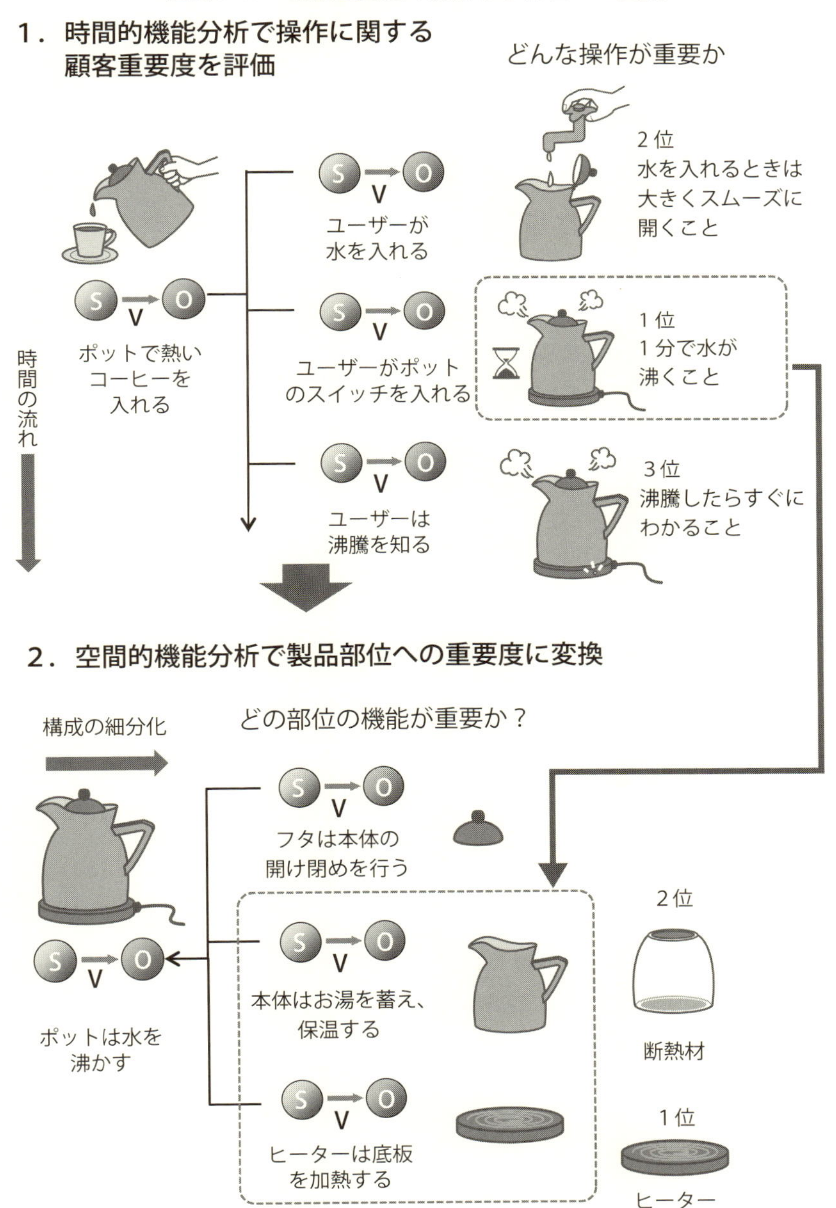

図表6-17　湯沸かしポットの機能コストF、価値F/Cの算出例

階層構造（nn…を記載）				工程名（詳細工程）	①機能コストF	②F/C価値	③C-F低減余地	④優先順位	⑤計画原低額
1				フタ					
	11			ツマミ	¥80	0.80	¥20		
	12			フタ・プレート	¥160	0.53	¥140		
	13			ヒンジ	¥160	1.60	¥-60		
2				本体					
	21			本体ケース	¥160	0.20	¥640	1	¥500
	22			ステンレス槽	¥320	0.46	¥380	4	¥380
	23			目盛窓	¥160	0.80	¥40	9	
	24			断熱材	¥480	1.20	¥-80		
	25			蒸気パイプ	¥160	0.80	¥40	10	¥40
	26			取っ手	¥160	1.60	¥-60		
	27			注ぎ口	¥160	0.80	¥40	9	¥40

ポイント

- ◆顧客が求めているのは、製品やサービスそのものではなく、その製品やサービスによって得られる効用と満足。
- ◆VEは、機能が低い割にコストが高いものから優先的にコストを削減する考え方。
- ◆機能重要度の割合にターゲット・コスト（目標コスト）を決めて、機能重要度に掛け合わせることで、機能コストFを算出する。
- ◆コストダウンの優先度は価値V＝機能コストF/コストCにより、Vの低いものから着手する。
- ◆UXの考え方を取り入れることで、機能の重要度を技術者視点ではなく、顧客視点で決めることができる。
- ◆顧客視点による機能の重要度は、顧客の操作を時間分析し、重要度の高い操作を実現する部位を重要度の高い機能とする。どの操作が重要かは顧客の価値観で変わる。
- ◆価値Vが低く、現行コストC－機能コストFで表される低減余地の大きなものから優先的にコストダウンする。

自分が顧客だったらどう感じるか？どう行動するか？を考える

エンジニアが商品開発や技術開発に入れ込むと、その開発行為自体が目的化してしまって、顧客のことまで目が届かなくなってしまいます。「顧客の視点を持つ」と言われて、わかった気になっているものの、日々の業務ではちっとも顧客視点でなかったりします。業務のやり方を顧客視点に変えていくには、製品やサービスに触れたときの顧客の声や反応を日ごろから自分の目で確かめておくことが重要です。

ソフト開発の世界ではアジャイルと呼ばれる開発手法がとられています。頻繁に試作やサンプルを作成し、顧客の反応を確かめながら開発します。そのPDCAサイクルを短くして、顧客からのフィードバックを得る機会を増やせば、その分、改善機会も増やせるわけです。一部のハードとソフトを融合した製品では、アジャイル開発を取り入れているケースも出てきています。しかし、まだまだハード開発ではアジャイルのような開発は難しいというのがエンジニアの一般的な見方ではないでしょうか。

ハード開発でも製品ができあがるまで、探索、要素技術開発から始まって、実験評価、試作、コストダウンやリスク分析などさまざまな検証の取り組みがあります。アジャイルほどではないにせよ、これらのプロセスに顧客視点を感覚的にではなく、科学的に論理的に導入することは可能です。

その第一歩が機能に着目することです。機能（S＋V＋O）を意識することで、製品や工程を見て「誰のため、何のために」を考えることができるようになります。それを続けていくことで「顧客だったらどう感じるか？」「顧客だったらどう行動するか？」も意識できるようになるはずです。

参考文献

（1）「NPO 法人日本 TRIZ 協会主催　TRIZ シンポジウム 2015」オリンパス（株）　緒方隆司講演資料 " 開発者が TRIZ を自然に使えるような仕組みづくり " 2015

（2）日本科学技術連盟ホームページ「R-Map 手法誕生の歴史と手法の紹介」https://www.juse.or.jp/reliability/introduction/01.html

第7章

UXを活用した問題解決のイメージを固めよう〈企業活用事例〉

本書では、製品やその使われ方についてUXの考え方に基づいた機能分析をし、ニーズを抽出して問題解決へとつなげていく方法を紹介していきました。

本章では、実際に製造業でUXや機能分析の方法を取り入れて成果を出した例として典型的な5社の事例を紹介します。これらの事例は筆者が実際に指導をした企業のものです。守秘義務の関係から詳細は明かせませんが、これらの企業がどのような背景から何を期待してこれらの手法を製品開発に取り入れていったか、そのイメージをつかんでいただくのに役立つと思います。

7.1　家電メーカーA社の取り組み例

(1) 背景

A社の主力商品部隊は次世代の商品企画に悩んでいました。リサーチ会社を通じて得られた多数のユーザー情報や、自社営業・サービス部門を使って集めたVOCを分析してはみたものの、なかなか説得ある商品企画にまとまりませんでした。そうした中、競合他社は、新技術を駆使して消費者の思いがけないニーズに応える商品を実現し好評を博しており、ますます焦っていました。

(2) 取り組みの概要

さまざまな議論を繰り返した結果、他社にはない独自の技術が自社にあること

図表7-1　A社の商品コンセプト案の作成

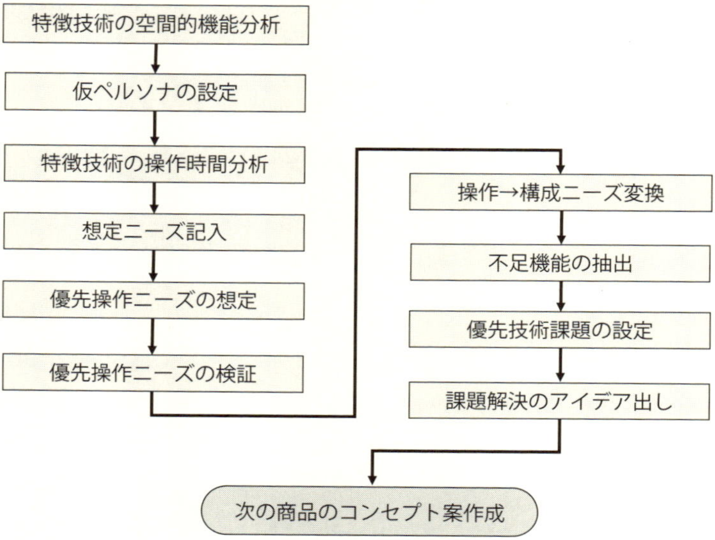

特徴技術の空間的機能分析
↓
仮ペルソナの設定
↓
特徴技術の操作時間分析
↓
想定ニーズ記入
↓
優先操作ニーズの想定
↓
優先操作ニーズの検証
↓
操作→構成ニーズ変換
↓
不足機能の抽出
↓
優先技術課題の設定
↓
課題解決のアイデア出し
↓
次の商品のコンセプト案作成

に着目し、それを活用した商品作りに取り組むことになりました。まずはその技術を機能（S＋V＋O）で表現して、顧客がその機能を必要とする場面でどのようなことを感じるかを検討しました。いくつかの典型的な仮ペルソナを設定し、徹底的な行動・操作分析からニーズの抽出を行いました。結果、顧客に嬉しいと思える体験を提供するには、当該技術だけではなく、さらに別の機能を加えて改善すればよいことがわかり、開発の方針を定めることに成功しました。

7.2　水まわり部品メーカーB社の取り組み例

（1）背景

水まわり用部品を製造するB社は、注文先であるセットメーカーの要求通りの製品を実現するという業務を長年続けてきました。しかし近年、IT対応など製品に新しい要素が強く求められるようになったほか、海外産の低コスト品による追い上げも凄まじく、社内にはこれまで以上に付加価値の高い商品を提案できなければ将来がないのではないかという危機感が強まっていました。

しかし、いざ取り組みを始めようとすると、顧客ニーズ＝要求仕様という業務を続けてきた自分達がどうすれば付加価値の高い商品を企画、提案できるのかわからず壁にぶつかっていました。

（2）取り組みの概要

B社製部品を組み込んだ商品を実際に設置する設置業者の工程を調査しました。セットメーカーではなく、設置業者を顧客として行動・操作分析をした結果、抽出したニーズから作業を大幅に改善できる製品企画にまとめるができました。また同時にセットメーカーの商品ラインナップの変化、法規制の変化など環境変化に対応するための検討も実施しました。9画面法を使って5年後のニーズ予測をし、そのニーズに対応するための技術課題の解決策についてもTRIZを使って数多くアイデアを出すことができました。

図表7-2　B社の商品コンセプト案の作成

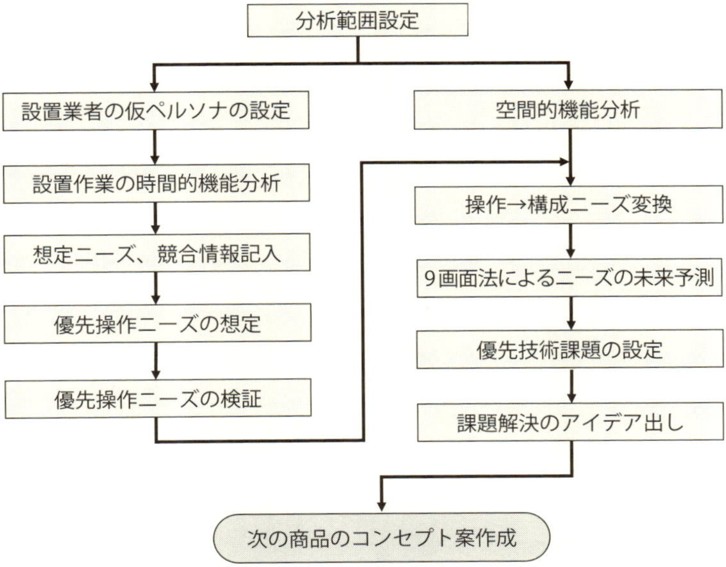

分析範囲設定
設置業者の仮ペルソナの設定
設置作業の時間的機能分析
想定ニーズ、競合情報記入
優先操作ニーズの想定
優先操作ニーズの検証
空間的機能分析
操作→構成ニーズ変換
9画面法によるニーズの未来予測
優先技術課題の設定
課題解決のアイデア出し
次の商品のコンセプト案作成

7.3　自動車部品メーカーC社の取り組み例

(1) 背景

自動車部品メーカーC社は、顧客であるOEMメーカー向けの部品を作っています。最近、顧客はEVや自動運転などに対応するために従来の自動車の開発の仕方を大きく変革しようとしています。こうした動きに対応するため、今後は従来の部品だけでなく、周辺部品も含めて付加価値の高い部品を積極的に開発していく方針を立てていました。

とはいえ、ある程度顧客の開発方向が見えていたこれまでとは異なり、数年先も予測不能な事態に直面し、C社の企画、開発陣はこれからの開発の方向性をどのように決めていけばよいか悩んでしました。

図表7-3　C社の商品コンセプト案の作成

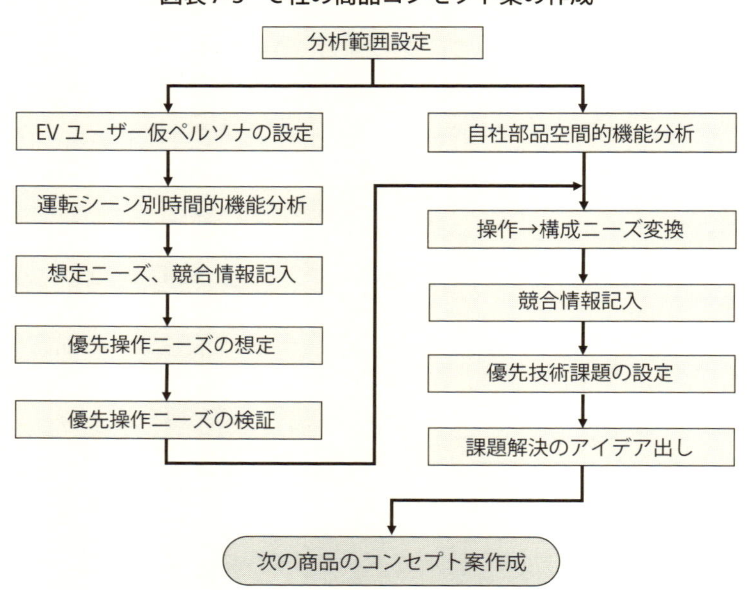

（2）取り組みの概要

顧客であるOEMメーカーがEVを開発するときにC社の部品を使うとしたら、具体的にどのような使い方をし、それに対してどのような要求がなされるかを徹底的に検討しました。EVのいろいろな運転シーンに合わせて時間的機能分析を実施し、その中から出てきたさまざまなニーズに対して、現在のC社部品の空間的機能分析を行い、対応できていないレベルアップすべき機能を明確化して技術課題としました。課題解決にあたっては願望型のTRIZ発想法を適用し、現在の構造を大胆に変えることも含めて画期的なアイデアを数多く創出することができました。

7.4 素材メーカーD社の取り組み例

（1）背景

素材メーカーD社は、さまざまな家庭用品に使う原料を提供する素材メーカーです。顧客は家庭用品メーカーとなります。素材を多機能化することで他社との差別化、さらなるシェア拡大を狙っていました。しかし、顧客である家庭用品メーカーがエンドユーザーのどのような使い方を想定しているのかがわからず、ニーズの収集が困難でした。

（2）取り組みの概要

D社製部品を搭載した顧客の製品が一般家庭でどのように使われているかを調査するため、実際に社員の自宅で製品を使ってもらいました。調査では、製品を使うユーザーがもっとも期待する機能を把握するとともに、その行動・操作をビデオ撮影し、どのような操作にD社部品が関わっているか時間的機能分析していきました。またユーザーの価値観や家族構成に応じた仮ペルソナを設定してニーズの絞り込みをしていきました。その結果、D社製部品に必要な新機能やその実現レベルが判明し、そのための課題を明確化することができました。課題解決に

図表7-4　D社の商品コンセプト案の作成

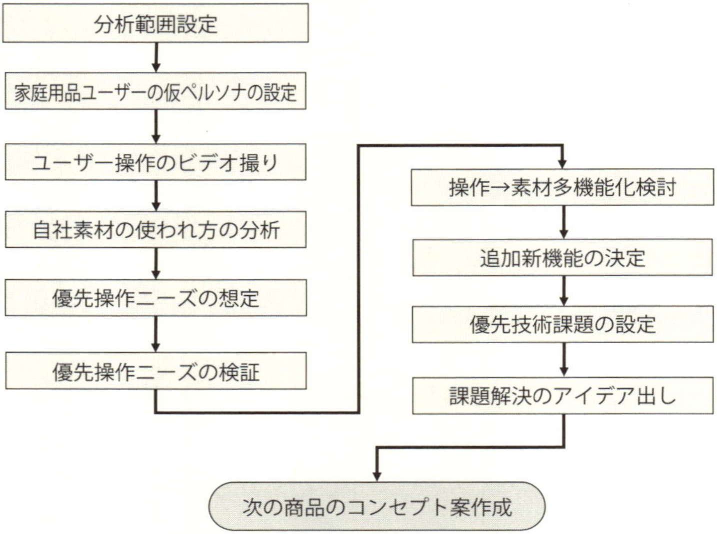

分析範囲設定
↓
家庭用品ユーザーの仮ペルソナの設定
↓
ユーザー操作のビデオ撮り
↓
自社素材の使われ方の分析
↓
優先操作ニーズの想定
↓
優先操作ニーズの検証
↓
操作→素材多機能化検討
↓
追加新機能の決定
↓
優先技術課題の設定
↓
課題解決のアイデア出し
↓
次の商品のコンセプト案作成

あたってはTRIZを活用してアイデアを創出することで、全体を通して次世代商品のコンセプト案としてまとめることができました。

7.5　機械メーカーE社の取り組み例

(1) 背景

E社は、理工系の研究機関や大学向けの研究機材を製造しているメーカーです。同社では主力製品について次世代品の開発に着手しようとしていました。しかし顧客である研究者からのニーズは、コンシューマー商品のようには集めにくく、開発者と営業が直接、顧客の研究室に出向いて現行製品への不満や、新たに加えて欲しい機能に対する要望を聞いていました。しかし、最終的にどのようなニーズに絞ればよいかが決まらず困っていました。

（2）取り組みの概要

まず現行製品をもとに、さまざまな研究目的ごとに機材の使用手順を想定して時間的機能系統図に落とし込んでいきました。次に機能系統図を見ながら営業担当と開発者が協同でくまなく想定ニーズを抽出し、それをもとに操作のストーリーを作り上げていきました。そして作り上げたストーリーから営業担当がヒアリング・シートを作り、開発者とともに顧客である研究者のもとに出向き、想定ニーズの裏付けを実施しました。

機材の使用イメージをストーリー示されることによって、顧客は機材を使用するにあたった日ごろ不便に感じていることや具体的な要望を思い出しながら語ってくれるようになりました。こうして集めたニーズから優先度の高いもの、他社に対して優位に立てるものを選んで次期商品の企画としてまとめました。

このストーリーによるヒアリング法の効果の高さが認識され、これ以降、案件ごとにこの方法が実施されるようになりました。これによりニーズ分析から商品企画の時間が短縮され、大幅に効率が上がりました。

図表7-5　E社の商品コンセプト案の作成

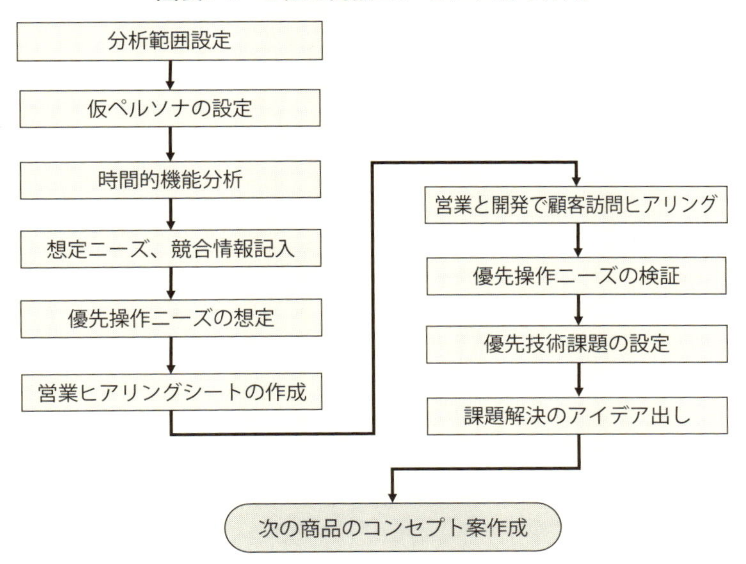

索　引

【英数字】

9画面法 109
Beニーズ 28
FMEA 133
QFD 17, 57
R-Map手法 135
RPN 134
SNマトリックス 14, 51
TRIZ 76
UI 25
UX 2
UXデザイン 26
UXハニカム 29, 42
VE 140
VOC 1, 63

【あ】

アイデア 100
アクティビティシナリオ 27
アンケート調査 1, 64
アンコントロール因子 34
安全リスク 131
インタラクションシナリオ 27

【か】

科学効果 79
仮ペルソナ表 39
願望型発想法 81
機能 4
機能系統図 6
機能コスト 141
空間的SNマトリックス 67
空間的機能系統図 7
空間的機能分析 7
空間的原因分析 90
クレームカード 1
原因分析 88
工学矛盾 78
構造化シナリオ 27
行動観察 2
効率 64
コストダウン 142
コンシューマー製品 105
コンジョイント分析 64
コンセプト案 102
コントロール因子 34
根本原因 90

【さ】
サイレント・クレーマー …………………… 2
産業用製品……………………………… 107
シーズ ……………………………………… 14
時間的SNマトリックス ………………… 68
時間的機能系統図 ……………………… 7
時間的機能分析 ………………………… 7
時間的原因分析 ………………………… 90
時間的特性要因図 ……………………… 19
進化パターン…………………………… 78
潜在ニーズ……………………………… 2
ソフトウェア …………………………… 13

【た】
ターゲット・コスト ………………… 144
探索ロジック・ツリー ……………… 119
特性要因図……………………………… 19
特許 …………………………………… 126

【な】
ニーズ …………………………………… 14
ニーズ分析…………………………… 24, 34

【は】
発明原理 ………………………………… 84
バリューシナリオ ……………………… 27
ヒアリング ……………………………… 63
品質リスク …………………………… 131
ファシリテーター ……………………… 98
物理矛盾 ………………………………… 78
ブレイン・ストーミング ……………… 98
ペルソナ法 ……………………………… 28
撲滅型発想法 …………………………… 80

【ま】
満足度 …………………………………… 64
未来予測 ……………………………… 109
矛盾マトリックス ……………………… 84

【や】
有効さ …………………………………… 64
ユーザビリティ・テスト ……………… 64
優先度 …………………………………… 61

【ら】
リスク管理 …………………………… 130
リスク評価 …………………………… 138
リスク・マトリックス法 …………… 134

〈著者紹介〉

緒方 隆司（おがた　たかし）

1956年、東京生まれ。

赤井電機株式会社を経て、1989年からオリンパス株式会社にて、磁気デバイス、MO用光ピックアップ、光通信用デバイス、プリンター等の情報機器関連の開発業務、開発部長としてマネジメント経験を積む。

2010年から科学的アプローチを使った開発効率向上の全社推進業務を先導し、開発者目線での取り組みで1000件以上の事例に適用。取り組み成果はQFDシンポジウム、TRIZシンポジウムで毎年発表し、TRIZシンポジウムでは「あなたにとって最も良かった発表」賞を5年連続受賞。

2016年にオリンパス株式会社を定年退職し、現在、株式会社アイデア*にてプロジェクト・コンサルティング・ディレクターとして活動中。日本TRIZ協会理事。

著書に「製品開発は"機能"にばらして考えろ」（日刊工業新聞社）がある。

＊株式会社アイデア：http://www.idea-triz.com/

TRIZを核とする体系的開発手法の導入・活用コンサルティングとイノベーション支援ソフトウェアGoldfireの提供を通じて、クライアント企業の数百件におよぶ製品開発プロジェクト、技術開発プロジェクトを支援している。

製造業のUX　　NDC501

2018年9月22日　初版1刷発行　　定価はカバーに表示されております。

著　者　緒　方　隆　司
発行者　井　水　治　博
発行所　日刊工業新聞社

〒103-8548　東京都中央区日本橋小網町14-1
電話　書籍編集部　03-5644-7490
　　　販売・管理部　03-5644-7410
　　　FAX　03-5644-7400
振替口座　00190-2-186076
URL　http://pub.nikkan.co.jp/
email　info@media.nikkan.co.jp

印刷・製本　新日本印刷

落丁・乱丁本はお取り替えいたします。　2018　Printed in Japan

ISBN 978-4-526-07879-8